특징으로 보는 한반도 제비꽃

특징으로 보는 한반도 제비꽃

2013년 4월 1일 초판 1쇄 발행
글 유기억 · 사진 장수길

펴낸이 이원중 책임편집 김명희 디자인 이윤화
펴낸곳 지성사 출판등록일 1993년 12월 9일 등록번호 제10－916호
주소 (121－829) 서울시 마포구 상수동 337－4 전화 (02) 335－5494～5 팩스 (02) 335－5496
홈페이지 www.jisungsa.co.kr 블로그 blog.naver.com/jisungsabook 이메일 jisungsa@hanmail.net
편집주간 김명희 편집팀 김재희 디자인팀 이윤화, 이향란

ⓒ 유기억 · 장수길 2013

ISBN 978-89-7889-266-7 (03480)

잘못된 책은 바꾸어드립니다. 책값은 뒤표지에 있습니다.

이 도서의 국립중앙도서관 출판시도서목록(CIP)은 e-CIP 홈페이지(http://www.nl.go.kr/ecip)와 국가자료공동목록시스템(http://www.nl.go.kr/kolisnet)에서 이용하실 수 있습니다. (CIP제어번호:CIP2013001474)

특징으로 보는

한반도 제비꽃

글 유기억 · 사진 장수길

지성사

저자의 글

예로부터 제비꽃 종류는 주위에서 흔히 볼 수 있는 식물이었기 때문에 늘 관심의 대상에서 제외되는 잡초 같은 존재였다. 양지바른 곳이면 어느 곳에서나 흔하게 만날 수 있었기에 무심히 지나쳤던 것이 문제였다. 이렇게나 많은 종류가 있을까 싶을 정도로 식물도감에 실려 있는 것만 50여 종이나 된다. 잘 모르는 이들은 그저 이 종種이 저 종 같고 저 종이 이 종 같은 느낌을 받겠지만 사실 그 속에는 여러 가지 비밀이 숨겨져 있다. 식물을 분류하는 학자들도 고개를 절레절레 흔드는 것이 제비꽃 종류의 분류이다. 이럴 때면 필자들은 신바람이 난다. 남들이 어렵게 느끼는 것을 조금 더 알고 있다는 못된 심보가 발동한 때문이다. 가끔 '제비꽃 종류를 분류하려면 머리가 맑을 때 도전해야 한다' 고 말할 때가 있다. 시간이 가면 갈수록 분류의 열쇠가 되는 형질들이 헛갈려 모든 종류가 같아 보이기 때문이다. 제비꽃 분류를 어려워하는 것도 바로 이런 이유이다. '제비꽃의 구별은 꽃이 없으면 불가능하다' 고 할 정도로 힘이 든다. 또 꽃이 피고 난 후 또는 열매를 맺고 난 후에도 잎이나 꽃자루가 계속 자라는 종류도 많아서 여간 어렵게 느껴지는 것이 아니다. 그런데 꽃도 없이 잎 한 장 달랑 달린 사진을 보내 놓고는 제비꽃 전문 학자이니 이름을 내놓으라 하는 것은 무리요, 억지다. 그렇다면 좀 더 쉽게 종을 구별할 수 있는 방법은 없을까? 궁리 끝에 내놓은 결론은 지금까지 우리의 관찰 경험을 바탕으로 각각의 종 특징을 설명하고 식물체를 해부하여 주된 형질들을 알려 주는 것이 제비꽃 분류의 두려움을 조금이나마 줄일 수 있는 길이라 생각했다.

이 책은 각 종류에 대하여 편하고 부드러운 문체로 접근한 뒤 주요 형질을 백과사전 식으로 설명해 야외에서 제비꽃이란 식물을 대하기 쉽게 정리해 놓았다. 또 지금까지 우리나라에서 인용되었던 대부분의 제비꽃 종류를 유사 분류군에 포함시킴으로써 전체적인 윤곽을 파악할 수 있도록 하였다. 본격적인 종 분류를 하기 전에 제비꽃속 식물에 대한 기록과 유래 등 일반적인 현황과 흔히 사용하는 부위별 용어를 정리하였으며, 종별 검색이 쉽도록 검색표도 제시하였다. 본문에는 각 종의 전체 모습과 꽃, 잎 등 외부 형태의 형질을 잘 나타내는 450여

장의 사진과 암술, 잎, 종자, 꽃가루의 특징 등을 확인할 수 있는 전자현미경과 광학현미경 사진 319장 등 770여 장의 사진 자료를 실어 독자들의 이해를 도왔다. 신종으로 발표된 이후 지금까지 언급이 없는 종류와 현지조사로 분포를 확인하지 못한 15분류군에 대해서는 원기준 표본 사진을 넣어 구분하였으며, 이러한 자료들은 각각의 종을 이해하는 데 직접적인 도움이 될 것으로 확신한다.

화단이나 바위틈에 보라색 매력을 발산하며 서 있는 흔한 종류부터 백두산 꼭대기까지 올라가야만 볼 수 있는 종류에 이르기까지 제비꽃을 찾아 헤맸던 지난 몇 년 동안의 시간은 내게 또 다른 눈을 뜨게 해 주었다. 그럼에도 아직까지 해결하지 못한 문제점은 무궁무진하게 많다. 비록 완전하지는 않지만 이 책이 우리나라 제비꽃속 식물을 이해하는데, 그리고 제비꽃 분류라면 고개를 내젓는 분들을 위해 작은 도움이 되었으면 한다.

이 책을 만드는 데는 여러분의 도움이 있었다. 제비꽃 자료와 정보를 많이 제공해 주신 이우철 교수님, 선뜻 생체 재료를 내어 주신 선병윤 교수님, 백두산 표본과 사진을 제공해 주신 김무열 교수님, 백두산 지역 조사를 원활하게 도와 주신 강신호 교수님과 여혜자 교수님, 일본 지역 조사와 분포지 정보를 제공해 주신 Masashi Igari 님, 귀중한 표본을 제공해 주신 권오근 박사님, 자생지 정보를 알려 주신 현진오 박사님과 이도근 선생님, 여러 가지 정보를 제공해 주신 아까시 님, 이성원 님, 김태원 님, 양형호 님, 이새별 님, 표본 사진을 이용할 수 있게 허락해 준 도쿄 대학교 표본실(TI), 표본을 대여해 준 BM, C. E, FR, G, H, IFP, JNU, K, KH, KUN, LE, LISC, MAK, MBK, MHA, OSA, PE, S, SING, SKK, SNU, TAIF, TI, US 등 국내외 표본실, 그리고 강원대학교 식물분류학 연구실 학생들에게 감사드린다. 일일이 열거하지는 못하지만 책이 나오기까지 애써 주신 모든 분들과 지성사의 이원중 사장님을 비롯한 직원들께도 감사의 말을 전한다.

유기억 · 장수길

글 싣는 순서

제비꽃속 식물의 종 분류

부록

분류학적 실체와 분포가 명확하지 않은 종류

연구가 진행 중인 종류

제비꽃속 식물의 일반적인 현황과 특징

제비꽃과(Violaceae)는 분류상 속씨식물문(Angiosperms), 쌍떡잎식물강(Magnoliopsida), 딜레니아아강(Dilleniidae)에 속하며, 온대와 아열대 지역에 약 16속 850종류가 분포한다. 이 중 우리나라에는 제비꽃속(*Viola*)만이 자란다. 이 속은 제비꽃과 식물 중 가장 진화한 분류군으로 알려져 있으며, 전 세계에 450여 종류가 온대 지역을 중심으로 널리 분포한다. 제비꽃속의 분류는 주로 암술머리柱頭의 모양에 따라 절節이나 열列 같은 속 이하의 분류 계급이 나눠지는데, 학자에 따라서는 이들을 세분하거나 통합하는 등 이견이 많은 분류군이다.

현재까지 필자들이 확인한 바로는 우리나라 제비꽃에 대한 최초 보고는 Regel (1861)이 Wilford가 채집한 표본을 남산제비꽃(*Viola pinnata* var. *chaerophylloides*)으로 발표한 것이며, 전체를 정리한 것은 Palibin(1899)이 태백제비꽃(*V. albida*)을 새로운 종으로 발표하면서 15종류의 제비꽃속屬 식물을 기재한 것이다. 일본의 식물학자 Nakai(1909, 1911)는 우리나라에 분포하는 제비꽃 종류를 19종 1품종으로 발표하였지만, 이후 새로운 분류군의 분포를 여럿 확인하여 다시 30종 8변종 1품종으로 정리하고 3개의 절로 나눔으로써 전체적인 윤곽을 밝혔다(Nakai,

1916). 그는 또 동아시아와 일본에 분포하는 종류를 종합적으로 검토하여 1952년에 한국산을 42종 14변종 2품종으로 정리하였다. Nakai 외에도 Maekawa(1954)는 33종 2변종 16품종을, 그리고 Hashimoto(1967)는 32종의 분포를 보고하였나. 국내 연구자들로는 정태현(1959)이 37종 6변종, 이창복(1969)이 48종 13변종 3품종, 그리고 박만규(1974)가 43종 3품종으로 정리하는 등 많은 이견이 있다. 최근 출판된 도감류에서도 이우철(1996)은 35종 5변종 5품종으로, 이창복(2006)은 40종 5변종 6품종 2잡종으로, 많은 새로운 분류군을 기재한 이영로(2006)는 42종 12변종 7품종으로 총 61분류군을 기재하였으며, 이우철과 유기억(2007)은 36종 6변종으로 각각 정리하였다.

제비꽃속 식물은 한해살이풀, 여러해살이풀, 작은키나무관목가 있지만 우리나라에는 여러해살이풀만 자란다. 뿌리는 다육질이고 굵거나 가늘다. 줄기는 분명하게 발달하거나 원줄기가 없으며, 종류에 따라 옆으로 뻗는 기는줄기, 즉 포복경匍匐莖이 발달한다. 잎은 뿌리에서 올라오는 근엽根葉과 줄기에 달리는 경엽莖葉이 있는데, 경엽은 줄기에 어긋나기호생, 互生로 달린다. 턱잎탁엽, 托葉은 작은 잎 모양이며 열매를 맺을 때까지 남아 있다. 꽃차례화서, 花序는 단정꽃차례單頂花序로 꽃자루 끝에 한 개씩만 달린다. 꽃잎은 5장으로 좌우 대칭이며, 개방화와 대부분 자가수정自家受精이 이루어져 무성적 특징을 보이는 폐쇄화閉鎖花를 갖는다. 꽃받침은 5장으로 보통 아랫부분의 2장이 가장 길고, 가운데 2장은 짧으며 윗부분의 1장은 가운데 꽃받침보다 다소 길다. 꽃잎은 넓게 펴지며 아래 꽃잎하판, 下瓣의 기부에는 꽃뿔거, 距이 있다. 수술은 5개로 씨방자방, 子房을 감싸고 있으며, 아래 꽃잎 쪽에 위치한 2개는 꽃뿔 안쪽으로 꿀샘밀선, 蜜腺을 뻗는다. 암술대화주, 花柱는 단순하고 길게 늘어나며, 대개 윗부분은 두툼하고 평활하거나 여러 형태의 부속체가 있다. 암술머리주두, 柱頭는 암술대에 똑바로 붙거나 새 부리처럼 길게 신장한다. 열매는 익으면 배봉선背縫線이 열려 종자가 산포되는 삭과蒴果이며, 열매가 터지면 세 부분으로 갈라진다. 종자에는 대부분 광택이 있다.

제비꽃의 속명 '*Viola*'는 라틴어에서 기원되었는데 제비꽃을 가리키는 그리스의 옛 이름인 이오네Ione에서 시작되었다고 한다. 우리 이름은 강남으로 날아갔던 제비가 돌아오는 이른 봄에 피는 꽃이라 하여 붙여졌다고 한다. 어떤 지역에서는 키가 작아 '앉은뱅이꽃'이라고도 하고, 꽃뿔이 오랑캐의 묶은 머리 모양을 닮았다고 하여 '오랑캐꽃'이라고도 부른다. 한방에서 제비꽃 종류의 지상부를 자화지정紫花地丁이라 하여 열을 내리거나 맹장염, 뱀에 물렸을 때의 해독작용, 눈이 충혈되고 아픈 증상을 치료하는 데 사용하며, 결핵균의 생장을 억제하는 데도 효과가 있다고 한다. 주요 성분으로는 사포닌, 플라보노이드 화합물, 세로틴산, 불포화지방산 등이 포함되어 있다.

제비꽃의 꽃말은 꽃의 색깔마다 다른데 흰색은 순진한 사랑, 노란색은 행복, 보라색은 성실 또는 고상한 취미를 나타낸다.

제비꽃속 식물의 주요 부위와 용어

줄기

제비꽃속 식물은 크게 뚜렷한 줄기가 없는 무경종과 줄기를 가지는 유경종으로 구분하며, 식물체의 각 부위별 명칭은 그림과 같다.

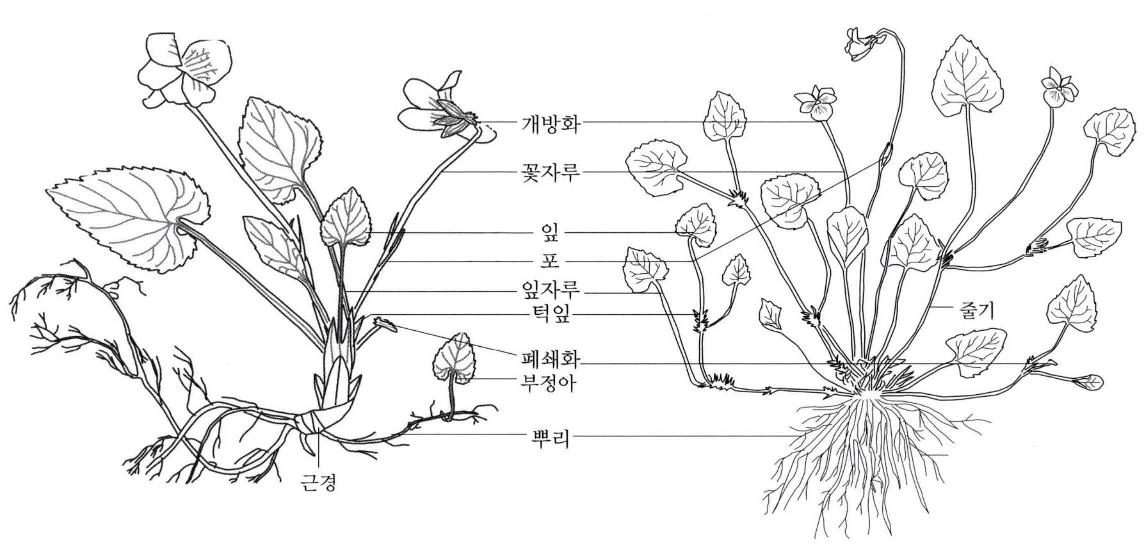

무경종(왼쪽)과 유경종(오른쪽)의 각 부위

잎

잎의 모양은 변화가 심한 편이다. 지속적으로 성장하여 형태가 서로 유사해지거나 변하는 종류가 있기 때문에 개방화 때와 폐쇄화 때의 잎을 모두 관찰해야 한다. 대부분 단엽이지만 복엽(학자에 따라 단엽으로 보는 견해도 있음)인 것도 있다. 종류에 따라서는 털의 유무, 잎이 갈라지는 정도, 잎의 색깔과 무늬, 그리고 턱잎의 모양이 중요한 특징으로 다루어진다.

1 2 3
4 5 잎의 종류_ 1 심장형 2 넓은 심장형 3 삼각상 피침형 4 단엽(심열) 5 복엽

꽃

꽃은 대부분 뚜렷한 꽃잎을 가지며 타가수정을 하는 개방화와 퇴화된 꽃잎을 가지며 자가수정을 하는 폐쇄화가 있다. 이 중 종을 구별하는 데 많이 이용되는 것은 개방화로 잎과 더불어 중요한 기관이다. 종 동정을 위해 꽃에서 눈여겨보아야 할 특징은 꽃의 색깔, 옆 꽃잎측판 안쪽의 털 유무, 꽃뿔의 털 유무, 암술머리의 모양, 꽃받침의 형태와 털의 유무 등이다.

꽃잎과 꽃받침

꽃잎은 5장이며, 가장 위쪽 2장의 꽃잎인 위 꽃잎상판, 옆쪽으로 위치한 2장의 옆 꽃잎측판, 가장 아래쪽에 위치하며 안쪽 부분이 꽃뿔로 연결되는 아래 꽃잎하판 등으로 구성된다. 꽃받침 역시 5장으로 위치에 따라 위 꽃받침, 옆 꽃받침, 아래 꽃받침이라 부르며, 꽃받침의 뒤쪽 끝부분이 갈라지는 종류도 있다.

꽃의 각 부위

암술

제비꽃속 식물을 비슷한 종류끼리 묶을 때 중요한 특징으로 이용되는 기관이다. 특히 암술대 위쪽의 암술머리 부분이 어떻게 생겼는지가 핵심이다. 씨방에 털이 있고 없고도 종에 따라서는 중요한 특징이 된다. 암술의 주요 부분 명칭과 위치, 기능은 다음과 같다.

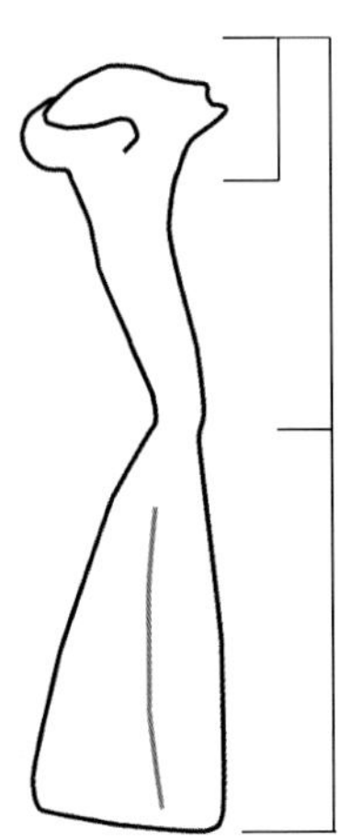

암술머리주두 : 주두공이 위치하는 암술대의 윗부분

암술대화주 : 꽃가루의 꽃가루관이 씨방의 밑씨까지 가는 통로

씨방자방 : 열매가 되는 부분

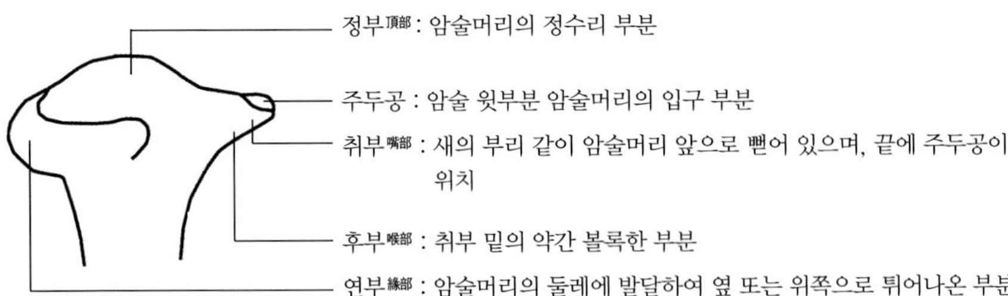
정부頂部 : 암술머리의 정수리 부분
주두공 : 암술 윗부분 암술머리의 입구 부분
취부嘴部 : 새의 부리 같이 암술머리 앞으로 뻗어 있으며, 끝에 주두공이 위치
후부喉部 : 취부 밑의 약간 볼록한 부분
연부緣部 : 암술머리의 둘레에 발달하여 옆 또는 위쪽으로 튀어나온 부분

암술과 암술머리의 각 부위

수술

수술의 각 부위

수술은 총 5개이며 2개는 꽃뿔 안쪽으로 드리우는 꿀샘밀선을 갖는다. 수술 하나에는 2개의 꽃밥이 있으며, 약격꽃밥의 반 약 사이에 있는 조직으로 싸여 있다. 약격에는 약격 부속물이 있는데, 처음에는 흰색이었다가 수술이 성숙하면 점차 황색으로 변한다. 수술의 특징은 꽃을 분리해야 볼 수 있으며 종류별 특징은 비슷하다.

종자

제비꽃속 식물의 열매는 삭과이고 3갈래로 갈라져 종자를 산포하게 된다. 종자에는 씨방벽에 붙어 있던 부분에 아이보리색의 종침caruncle이 있는데 종류에 따라 막질인 것과 아닌 것으로 구별된다. 종침은 난세포가 들어 있는 밑씨배주의 주병funiculus이었던 부분이다.

열매의 형태와 종자의 종침

제비꽃속 식물의 종 검색표

1. 식물체는 뚜렷한 줄기가 있다.

  2. 꽃은 노란색이다.

    3. 잎은 원형상 심장형이다. 옆 꽃잎 안쪽에는 털이 있다. 암술대 상부는 점차 두상으로 비후되며 양 측면에 털이 있다 ·········1. *V. orientalis* 노랑제비꽃

    3. 잎은 신장상 심장형이다. 옆 꽃잎 안쪽에는 털이 없다. 암술대 윗부분이 갈라져 전체적으로 Y자형이다 ·······························2. *V. biflora* 장백제비꽃

  2. 꽃은 보라색, 자색 또는 백색이다.

    4. 턱잎은 톱니가 없거나 작은 거치가 있다. 암술대 상부는 양면이 뚜렷하게 돌출하며 전체적으로 옷깃 모양이다.

      5. 줄기는 누웠으며, 개화기에 길이는 5~10cm 정도이다. 잎은 난상 심장형이며, 턱잎은 잎자루보다 짧다 ············· 3. *V. verecunda* 콩제비꽃

      5. 줄기는 직립하며, 개화기에 길이는 30~50cm 정도이다. 잎은 삼각상 피침형이며, 턱잎의 길이는 잎자루와 같거나 길다 ·······························

·· 4. *V. raddeana* 선제비꽃

4. 턱잎에는 빗살처럼 갈라진 거치가 있다. 암술대는 원통형이며 윗부분은 갈고리 또는 부리 모양으로 구부러진다.

6. 암술대 상부에 돌기모가 산재한다.

7. 줄기는 개화기에 직립하고, 길이는 개방화기에 16~30cm이다. 근엽이 없으며, 잎에는 연모가 있다····· 5. *V. acuminata* 졸방제비꽃

7. 줄기는 개화기에 눕고, 길이는 개방화기에 5~15cm이다. 근엽이 있으며, 잎에는 털이 거의 없다 ································· 6. *V. sacchalinensis* 왜졸방제비꽃

6. 암술대 상부에 돌기모가 없다.

8. 옆 꽃잎 안쪽에 털이 없다.

9. 개방화는 줄기에만 달린다.

10. 꽃은 진한 자색이고, 꽃뿔은 2~3.5mm이다 ································· 7. *V. koraiensis* 참졸방제비꽃

10. 꽃은 연한 분홍색이고, 꽃뿔은 7~8mm이다 ································· 8. *V. kusanoana* 큰졸방제비꽃

9. 개방화는 뿌리와 줄기에 모두 달린다.

11. 근엽과 경엽의 형태가 같다 ···9. *V. grypoceras* 낚시제비꽃

11. 근엽과 경엽의 형태가 다르다 ································· 10. *V. ovato-oblonga* 긴잎제비꽃

8. 옆 꽃잎 안쪽에 털이 있다 ················11. *V. mirabilis* 넓은잎제비꽃

1. 식물체는 지상부에 뚜렷한 줄기가 없다.

12. 암술머리에 연부가 발달하지 않고 부리는 갈고리 형태로 길게 구부러지며, 씨방에 털이 많다 ············ 12. *V. collina* 둥근털제비꽃

12. 암술머리에 연부가 발달하며 짧은 부리가 있고, 씨방에는 털이 없다.

13. 턱잎은 잎자루와 이생한다.

14. 꽃은 홍자색이다 ············ 13. *V. rossii* 고깔제비꽃

14. 꽃은 흰색이다.

15. 잎은 원형으로 잎끝이 급하게 좁아져 뾰족해지고, 뿌리에는 부정아가 발달한다 ············ 14. *V. diamantiaca* 금강제비꽃

15. 잎은 삼각상으로 잎끝이 급하게 좁아져 뾰족해지고, 뿌리에는 부정아가 발달하지 않는다 ··· 15. *V. yazawana* 애기금강제비꽃

13. 턱잎은 잎자루와 합생한다.

16. 잎은 복엽이거나 깊게 갈라진다.

17. 꽃은 자색이다 ············ 16. *V. dissecta* 간도제비꽃

17. 꽃은 흰색이다 ············ 17. *V. chaerophylloides* 남산제비꽃

16. 잎은 단엽이다.

18. 잎은 난형, 난상 타원형, 삼각상 난형 또는 원형이다.

19. 꽃은 흰색이다.

20. 식물체에 털이 거의 없다.

21. 꽃받침 뒤쪽은 깊게 갈라진다 ············ 18. *V. albida* 태백제비꽃

21. 꽃받침 뒤쪽은 갈라지지 않는다 ············ 19. *V. boissieuana* 각시제비꽃

20. 식물체에 털이 많다················20. *V. keiskei* 잔털제비꽃

19. 꽃은 자색이다.

22. 씨방 및 삭과에 털이 많다.

23. 꽃뿔과 꽃받침에 털이 없다 ···
··21. *V. variegata* 알록제비꽃

23. 꽃뿔과 꽃받침에 털이 산생한다······································
·····································22. *V. phalacrocarpa* 털제비꽃

22. 씨방 및 삭과에 털이 없다.

24. 꽃자루와 잎자루에 털이 밀생한다.

25. 잎 양면, 꽃자루, 잎자루에 짧은 털이 밀생한다··
··································23. *V. seoulensis* 서울제비꽃

25. 잎 양면에 털이 많지 않으며, 꽃자루와 잎자루에 긴 털이 산생한다······24. *V. hirtipes* 흰털제비꽃

24. 꽃자루와 잎자루에 털이 거의 없다.

26. 일반적으로 옆 꽃잎 안쪽에 털이 없다.

27. 잎은 삼각상 난형 또는 난상 타원형이고 엽저는 심장저이다.

28. 잎은 삼각상 난형으로 광택이 없다···········
·····························25. *V. japonica* 왜제비꽃

28. 잎은 난상 타원형으로 대부분 두꺼우며 광택이 있고, 뒷면은 자색을 띤다···············
·······················26. *V. violacea* 자주잎제비꽃

27. 잎은 거의 원형이며 엽저는 심장저로 깊게 파인다·························27. *V. selkirkii* 뫼제비꽃

26. 옆 꽃잎 안쪽에 털이 있다···28. *V. tokubuchiana* var. *takedana* 민둥뫼제비꽃

18. 잎은 창형, 삼각상 피침형 또는 넓은 삼각형이다.

29. 꽃은 자색이다.

30. 잎자루에 털이 없으며, 옆 꽃잎 안쪽에 털이 있다···29. *V. mandshurica* 제비꽃

30. 잎자루에 털이 있으며, 옆 꽃잎 안쪽에 털이 없다···30. *V. yedoensis* 호제비꽃

29. 꽃은 흰색이다.

31. 잎은 좁은 삼각상 피침형으로 잎자루에는 엽저부터 흐르는 뚜렷한 날개가 있으며, 흔히 옆 꽃잎과 아래 꽃잎에 줄무늬가 있다························31. *V. patrinii* 흰제비꽃

31. 잎은 넓은 삼각상 피침형으로 잎자루에는 매우 좁은 날개가 있으나 엽저부터 흐르지는 않고, 대부분 옆 꽃잎에 줄무늬가 거의 없다······32. *V. lactiflora* 흰젖제비꽃

제비꽃속 식물의
종 분류

노랑제비꽃

Viola orientalis (Maxim.) W. Becker

요즘 들어 남녀노소를 불문하고 산을 찾는 인구가 많아졌다. 건강을 생각하고 심신을 달래기 위한 나름대로의 노력이 산 정상이라고 하는 큰 목표를 향해 가는 것이다. 덕분에 등산용품을 생산, 판매하는 몇몇 회사들이 즐거운 비명을 지르고 있다. 몇 년 전 중국의 싼칭산三淸山을 방문했었다. 그곳은 수려한 자연경관으로 세계문화유산에 등재되어 있어 관광객이 많이 찾는 곳이다. 산 정상에 올랐다가 반대쪽 내리막길로 향하는데 갑자기 아래쪽에서 '와!' 하는 소리가 들렸다. 내려다보니 마치 히말라야 산맥이라도 등반하는 듯이 똑같은 등산복을 갖춰 입은 일행이 올라오고 있었다. 물론 우리나라 관광객이었다. 평소 그런 광경을 본 적이 없는 외국인들 눈에는 그 사람들의 모습이 아주 낯설고 놀라웠던 것 같다. 이런 광경은 우리나라에서도 쉽게 볼 수 있다. 산자락에 도착한 관광버스에서 우르르 내리는 40여 명의 등산객은 거의 비슷한 복장을 하고 있다. 등산복만 제대로 갖춰 입으면 산을 제대로 즐기는 것일까. 산을 오르는 목표치는 사람마다 다르겠지만 자연을 벗 삼아 눈을 즐겁게 하고 상쾌한 공기를 마시는 것이 가장 큰 즐거움이자 멋인 것 같다.

조금 더 특별한 것을 원한다면 주제를 하나 정해 찾아다녀 보는 것도 좋을 것 같다. 나뭇잎을 위한 움싹이 막 눈을 뜰 때쯤 우리 눈을 즐겁게 해주는 노란색 꽃이 있다. 해발 600~700미터 이상의 약간 높은 곳에 자라는 노랑제비꽃이다. 숨을 몰아쉬며 정상을 향해가다 노랑제비꽃을 만나면 잠시 숨을 돌릴 수 있다. 가냘프지만 자연의 멋이 풍부하게 느껴지는 아름다움으로 우리의 발길을 잡기 때문이다. 혼자 있기를 좋아하는 대부분의 제비꽃과는 달리 여럿이 사는 것을 좋아한다. 이른바 무리 지어 군락을 형성하는 것이다.

어느 해 5월쯤 강원도의 영서와 영동 지역을 연결하는 대관령 근처의 능경봉에 올랐다. 봉우리라고는 하지만 대관령 자체가 해발 832.2미터이고 능경봉 정상도 1123.2미터나 된다. 등반을 시작한 등산로 주변이 온통 노랑제비꽃으로 덮여 있었다. 마치 일부러 노랑제비꽃 밭을 만들어 놓은 것처럼 줄줄이 서서 우리를 반겼다. 가끔 흰색에 가까운 연한 노란색을 띠는 개체도 있고 진한 노란색을 보이는 것도 있었다. 숲 속으로 들어가니 그 모습은 더 조화로웠다. 짙은 하늘색 꽃을 피운 갈퀴현호색, 잎의 검은 반점이 조금 아쉽기는 하지만 화려한 자색 꽃을 가진 얼레지, 이제 막 줄기가 올라오는 넙적한 잎의 박새, 그리고 이름도 외로운 홀아비바람꽃 들과 어우러져 신갈나무 숲 비탈을 뒤덮고 있었다. 차마 꽃들을 헤치며 발을 떼어 놓기가 미안할 지경이었다. 무작정 정상을 향해 오르지 말고 주변을 살피며 산을 오르다 보면 이런 기쁨을 누릴 수 있다.

노랑제비꽃(2006년 5월 5일_대룡산)

노랑제비꽃의 종소명 *'orientalis'* 는 동북 지방에서 자란다는 뜻이며, 우리 이름은 꽃의 색깔을 표현했다. '노랑오랑캐', '노랑오랑캐꽃' 이라고도 부른다. 러시아(우수리), 일본, 만주를 포함한 중국, 한국에 분포하며, 우리나라는 전역에서 볼 수 있다.

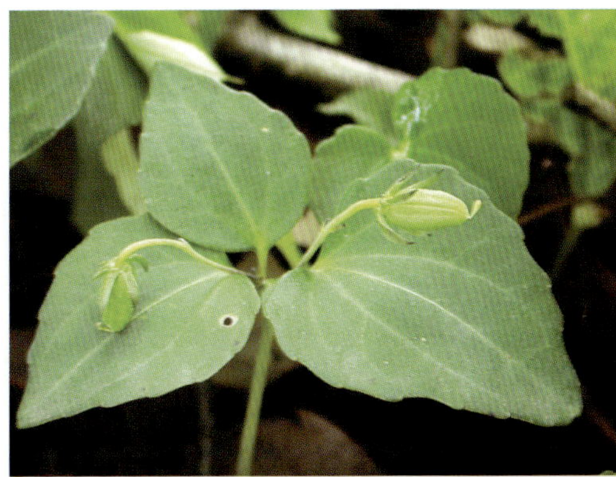

1 잎과 열매 2 잎이 대형인 개체

형태적 특징

줄기와 뿌리

지상부에 뚜렷한 줄기가 있고 높이는 10~20cm이며 털이 다소 있다. 뿌리는 굵고 다육질이며 흰색이다. 뿌리줄기근경는 두껍고 짧으며 직립한다.

잎

뿌리에서 올라온 잎근엽은 심장 모양이며 길이 2~2.5cm, 폭 3~5cm이고, 잎자루엽병는 4~10cm이지만 식물체가 시들기 전까지 조금 더 성장하며 생육 환경에 따라 크기는 변이를 보인다. 줄기에 달리는 잎경엽은 줄기 윗부분에 3~4개가 나며 위쪽의 2장은 비스듬히 마주나고아대생, 잎자루는 짧지만 가장 밑에 달리는 잎은 잎자루가 길다. 잎은 심장 모양으로 길이는 4~10cm, 폭은 4~8cm이고, 끝은 점첨두 내지 예두, 밑부분은 심장 모양 내지 평저이며, 가장자리에는 파상의 둔한 톱니가 있다. 턱잎은 넓은 난형으로 길이는 2~3mm이며 가장자리에 톱니가 없다.

노랑제비꽃이지만 흰 꽃이 피는 개체가 드물게 나타난다.

꽃

꽃은 좌우 대칭이고 지름이 1.5~1.8cm이며 4~5월에 노란색으로 핀다. 꽃자루화경는 길이 2~4cm로 가운데 부분에 잎 모양의 작은 포엽이 있다. 꽃받침은 피침형으로 뒤쪽 끝부분은 갈라지지 않는다. 꽃잎은 길이 12~15mm이다. 가장 위쪽 꽃잎의 바깥쪽은 적갈색을 띠기도 하며, 옆 꽃잎에는 적갈색 줄이 있고 안쪽에 털이 있으며, 가장 아랫부분의 꽃잎은 계란을 거꾸로 놓은 모양으로 갈색 줄이 있다. 꽃뿔의 길이는 1~2mm 정도로 제비꽃속 식물 중 짧은 꽃뿔을 갖는 종류 중의 하나이다. 수술은 5개로 대부분 꽃뿔에 약간 밀착해 있다. 씨방에는 털이 있는데 개체에 따라 거의 없는 것부터 많이 분포하는 것까지 다양하게 나타난다. 암술대에는 부리가 없으며 윗부분은 머리 모양으로 점차 비후되는데 암술머리의 양 측면에는 털이 있고, 주두공은 반구형 돌출부의 앞쪽에 있다.

열매와 종자

열매의 길이는 6~11mm이며 타원형 또는 계란 모양이다. 종자는 계란 모양으로 길이는 2mm이며 표면은 우윳빛 내지 연한 황색을 띤다.

생육 습성

여러해살이풀로, 주로 높은 지대에서 생육하는 종류 중의 한 가지이며 볕이 잘 드는 산지 경사면에서 관찰할 수 있다.

비슷한 종류

털노랑제비꽃(*V. brevistipulata* var. *minor* Nakai)과 비슷하지만 털노랑제비꽃은 높이가 10cm 정도로 작고 뿌리줄기가 두껍고 길며 잎에 광택이 있다. 털

1 꽃 정면_ 옆 꽃잎에 털이 있다. 2 꽃 측면_ 꽃자루, 꽃받침, 꽃뿔에 털이 없고 꽃받침 뒤쪽은 갈라지지 않는다.

노랑제비꽃은 털대제비꽃(*V. lasiostipes* Nakai)과 형태적으로 비슷해 이 종을 통합하기도 한다. 학자(황성수, 2002)에 따라서는 털노랑제비꽃을 모종(*V. brevistipulata* var. *brevistipulata*)으로 하고 잎의 특징에 따라 한라산에서만 자라는 한라털노랑제비꽃(var. *minor* Nakai)과 강원 지방 고산 지대에서 자라는 오대털노랑제비꽃(var. *laciniata* (Boiss.) W. Becker)으로 구별하기도 한다. 한라털노랑제비꽃은 잎의 길이와 폭이 0.96~1.53cm, 0.62~1.54cm로 작고 가장자리에는 규칙적인 파상 또는 치아상 거치를 갖는 데 비해 오대털노랑제비꽃은 잎의 길이가 2.04~3.55cm, 폭 1.41~3.14cm로 털노랑제비꽃과 비슷하고 잎 가장자리엽연의 거치 수가 7~17개로 많으며 불규칙한 치아상 복거치를 가져 차이가 있다. 이들 종류에 대해서는 정확한 분포와 분류학적 검증이 이루어지지 않아 재검토가 필요하다고 생각한다.

노랑제비꽃도 해발 고도와 자생지에 따라 형태적 변이가 다양하게 나타나고, 식물체도 완전히 시들 때까지 잎이 성장하기 때문에 이 종류들에 대해서는 종합적인 유연관계 검토가 필요하다.

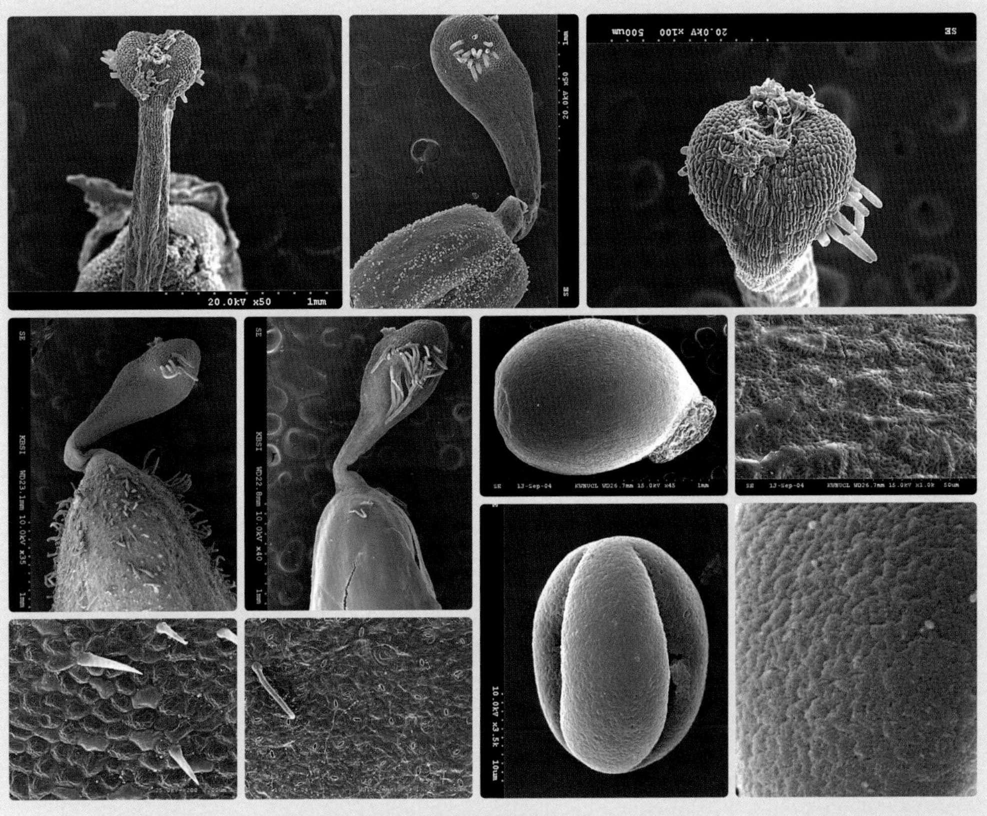

1	2	3	
4	5	6	7
8	9	10	11

1 암술 정면 2 암술 측면_ 씨방과 암술머리 양쪽에 털이 있다. 3 암술머리 윗면_ 부리가 없다. 4-5 암술의 변이 형태 6 타원형 종자 7 종자 표면에 작은 구멍이 있다. 8 잎 앞면_ 털이 있다. 9 잎 뒷면_ 털이 있으며 기공이 많이 분포한다. 10 적도면에서 본 3공구형 꽃가루 11 꽃가루의 표면 무늬는 가느다란 망상 모양(세망상문)이며 표면은 울퉁불퉁하다.

Provided from the Herbarium, University of Tokyo(TI)

털대제비꽃 표본

장백제비꽃

Viola biflora L.

초등학교 때 운동회나 소풍 가기 전날 밤에는 늘 잠을 설쳤던 기억이 있다. 운동회 날에는 달리기, 오자미 놀이, 기마전 같은 단체 경기에서 어떻게 하면 이길 수 있을까 나름대로 작전을 세우느라 잠을 이루지 못했다. 그러나 소풍날은 좀 달랐다. 엄마는 어떤 간식을 준비해 주실까, 소풍 가서 보물찾기는 몇 개나 찾을 수 있을까? 이런저런 생각을 하다 보면 밤이 깊어가는 줄도 몰랐다.

작년에 백두산 여행을 가기로 한 전날 밤, 오랜만에 그때와 같은 긴장과 기대감으로 잠을 설쳤다. "어떤 분들과 동행하게 될까? 무슨 음식을 먹어 볼 수 있을까?" 여러 생각이 머릿속을 스쳐 갔지만, 무엇보다도 가장 큰 기대는 역시 어떤 식물과 만날게 될까에 초점이 맞춰졌다. 백두산의 아름다운 꽃들이 실린 책을 들

장백제비꽃(2012년 7월 7일_백두산)

척거리며 비몽사몽 헤매는데 노란 색깔의 제비꽃이 눈에 들어왔다. 주로 높은 산에서만 자란다는 장백제비꽃이었다. 이번 여행에서 꼭 만나고 싶은 식물 중의 하나로 도감으로만 봐 왔지 아직 실물을 만난 적이 없다. 뒤척이며 밤잠을 설쳤는데도 새벽 첫차를 타고 공항으로 향하는 발걸음이 아주 가벼웠다. 보고 싶은 식물들이 기다리고 있기 때문인 것 같았다. 고작 2시간 정도의 비행 시간이 왜 그렇게 더디게 느껴지던지……. 옆에 동료마저 없었더라면 지루한 여행이 될 뻔했다. 중국의 옌지延吉에 도착해서도 차창 밖으로 색다른 풍경이 펼쳐졌지만 다음날 만날 장백제비꽃 생각에 도무지 눈에 들어오질 않았다. 그날 밤에는 다음날 날이 맑아 백두산 천지를 깨끗하게 볼 수 있기를 기원하며 동료들과 건배한 고량주 한 잔에 곯아 떨어져 지난 며칠간의 피로까지 털어 냈다. 다음날 아침 호텔 창밖으로 멀리 백두산의 모습이 눈에 들어온 순간, 적어도 비는 오지 않을 것 같다는 생각에 나도 모르게 '와!' 하는 감탄사가 터져 나왔다.

백두산 등산로에는 그동안 도감에서나 봤던 북방계 식물들이 흐드러져 있었다. 린네풀, 호범꼬리, 화살곰취, 발톱꿩의다리, 비로용담 등 말 그대로 야생화 천국이었다. 여기저기서 사진기 셔터 누르는 소리가 들려왔다. 우리 일행은 앞서거니 뒤서거니 하면서 정상 쪽으로 향했다. 얼마를 갔을까, 수목한계선에 도달했는지 숲이 사라지고 관목성의 작은 나무들이 듬성듬성 나타나기 시작하더니 바로 온통 녹색의 초원으로 바뀌어 버렸다. 자연의 신비롭고 웅장함을 고스란히 보여 주는 풍경이었다. 식물을 밟지 않으려고 등산로를 벗어나지 않도록 신경을 쓰면서 걷는데 저만치 노란색 꽃이 눈에 들어왔다. 장백제비꽃 군락이었다. 함께 산을 오르던 이들은 흰털복주머니란에 빠져 많은 시간을 투자했지만, 그 순간 이후 나의 관심은 온통 장백제비꽃에 쏟아졌다. 아예 배낭을 내려놓고 모든

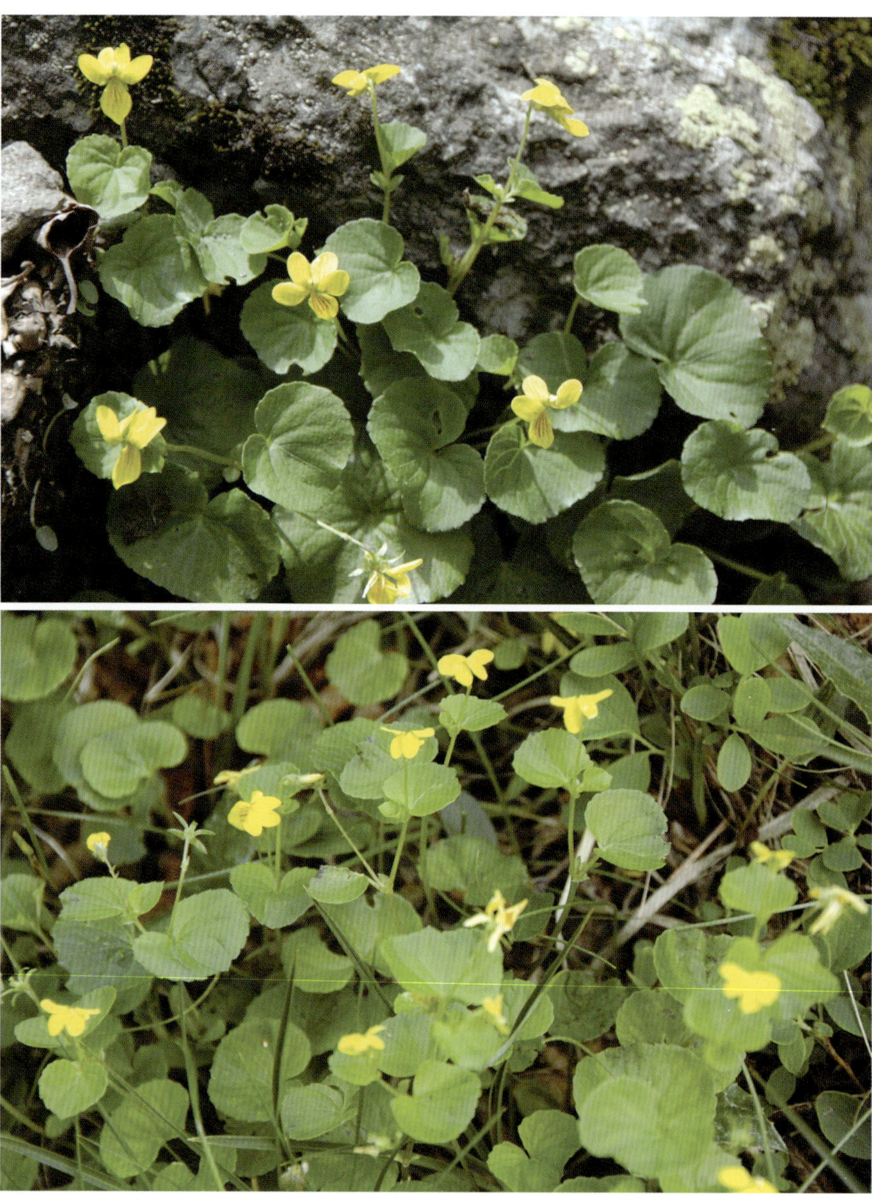

1 바위틈에 자라는 군락 2 초지에 자라는 군락

모습을 사진에 담아내려고 20여 분을 한곳에 머물렀다. 정상 쪽으로 갈수록 햇빛이 잘 들어오는 양지쪽 돌 틈이나 초원의 초본층 사이로 많은 개체가 자생하고 있었다. 연약해 보이지만 노란 꽃 색깔 때문인지 다른 종류보다 도드라져 보이는 모습이 매력적이었다. 여행의 첫 번째 목표를 달성한 터라 기분이 하늘을 찌를 만큼 좋았다. 깨끗하고 맑은 백두산 천지도 볼 수 있어서 식물 관찰도, 관광도 완벽한 성공이었다.

장백제비꽃의 종소명 '*biflora*'는 꽃이 2개라는 뜻으로 꽃이 달리는 모습을 표현한 것이고, 우리 이름은 백두산의 중국 쪽 산 이름인 장백산에 분포한다는 뜻이다. '장백오랑캐', '장백노랑제비꽃'이라고도 부른다. 아시아, 유럽, 북아메리카, 한국에 분포하며, 우리나라에는 함경북도, 함경남도, 평안북도 지역 높은 산의 초지 또는 습지에서 자란다. 설악산에도 생육한다고 알려져 있으나 확인하지는 못했다.

형태적 특징

줄기와 뿌리

뚜렷한 줄기가 있으며 높이는 5~20cm이고 털은 거의 없다. 뿌리는 많고 가늘며 흰색이다. 뿌리줄기는 짧고 옆으로 뻗으며 마디가 밀집해 있다.

잎

뿌리에서 올라온 잎[근엽]은 콩팥처럼 생긴 심장 모양이며, 길이는 1~2.5cm, 폭 1.5~3.5cm이다. 잎끝은 넓고 둥근 원두이며, 밑부분은 깊은 심장 모양이고 가장자리에 둔한 톱니가 있다. 잎자루는 2~10cm이다. 줄기에 달리는 잎[경엽]은 3~4개

1 2 1 잎 앞면 2 꽃 정면_ 옆 꽃잎에 털이 없다.

이고, 콩팥처럼 생긴 심장 모양으로 길이는 1~2.5cm, 폭은 1.5~3cm이다. 잎은 부드럽고 앞면에는 연모가 있지만 뒷면에는 털이 거의 없다. 턱잎은 좁은 난형계란 모양으로 길이는 3~5mm이며 끝 부분은 뭉툭한 둔두이고 가장자리에는 톱니가 없거나 작은 거치가 있고 털이 있다.

꽃

꽃은 좌우 대칭이며 지름이 1~2cm이고 6~7월에 연한 황색으로 핀다. 꽃자루는 길이 2~5cm로 가운데 부분에 잎 모양의 작은 포가 있다. 꽃받침은 피침 모양으로 뚜렷한 부속체가 있으며 끝은 뭉툭하다. 꽃잎은 길이가 7~10mm이고, 옆 꽃잎은 위를 향하고 털이 없으며, 가장 아랫부분의 꽃잎하판이 가장 크고 거의 마름모꼴로 생겼으며 갈색 줄이 있다. 꽃뿔은 반원 모양이고 길이는 1.5~2mm이다. 수술은 5개로 흔히 꽃부리의 꽃뿔에 약간 밀착한다. 씨방에는 털이 없다. 암술대에는 부리가 없으며 윗부분은 두 갈래로 갈라지고, 암술머리는 2개의 암술대 열편 사이 안쪽에 위치하며 전체적으로는 Y자 모양이다.

열매와 종자

열매는 계란 모양이고 길이는 5~7mm이다. 종자는 갈색을 띠며 길이는 1.5~2mm이고 계란 모양이다.

1 2 1 암술과 꽃받침 2 암술 정면_ 씨방에 털이 없고 암술머리 윗부분이 두 갈래로 갈라져 Y자 모양을 하고 있다.

생육 습성

여러해살이풀로, 주로 고산 지대에 생육한다.

비슷한 종류

구름제비꽃(*V. crassa* Makino)과 비슷하나 구름제비꽃은 잎이 두껍고 광택이 있으며 잎에 털이 없고, 꽃의 색이 진한 황색인 것이 다르다.

콩제비꽃

Viola verecunda A. Gray

동물이든 식물이든 좀 특이한 생김새를 가졌거나 남들보다 튀는 행동을 하면 으레 주목을 받기 마련이다. 1990년대 초만 해도 일반인은 상상도 못했던 성형이라는 시술이 이젠 누구에게나 그리 어렵지 않은 일이 되었다. 쌍꺼풀이나 코 수술 정도는 일반화된 지 오래이다. 조금 과장해 이야기한다면 부모로부터 받은 자기 코를 가진 사람이 몇 없을 정도이다. 사람들이 이런 민감한 변화에 빠르게 적응할 수 있는 것은 컴퓨터나 방송 매체 때문인 것 같다. 요즘 아파트 놀이터에 어린아이들이 보이지 않는다는 말을 자주 듣는다. 그 이유인즉 컴퓨터로 오락을 하거나 정보를 얻고, 많은 시간을 학원에 가 있기 때문이라고 한다. 해가 저물도록 밖에서 뛰어놀다가 부모님께서 부르시는 소리에 헐레벌떡 집으로 달려갔던 나의 어린 시절을 떠올리면 격세지감隔世之感을 느끼지 않을 수 없다. 집안에서의 가족생활은 또 어떤가? 대화가 없다. 서로 할 말이 없어 방안이나 거실은 겨울철 얼음장 같은 차가움과 정적만이 흐른다. 바보상자로 불리는 텔레비전도 그 원인 중의 하나이다. 빠르고 쉽게 뉴스를 접하고 여러 가지 정보를 얻을 수 있다는 이점은 있지만 인기 있는 드라마 한두 편이면 가족 간의 대화는 뒷전이 된다. 설령 이야기를 한다고 하더라도 드라마에 나오는 인물들의 옷, 신발, 악세서리 같은 그들의 스타일에 관한 것이 되기 십상이다. 사람들에게 그들은 닮고 싶은 동경의 대상이요, 그들이 걸친 물건은 갖고 싶은 것이 되어 그 시장 가치가 무궁무진해진다. 이렇듯 사회는 하루가 다르게 변화를 거듭하지만, 그것에 대처할 여유도 없이 범람하는 정보 속에서 허우적거리는 것이 우리의 현재 모습인 것 같다.

이야기의 방향을 좀 바꾸어, 그렇다면 가장 일반적이고 평범한 것은 어떤 것일까? 아무도 알아주지 않지만 자기가 속해 있는 위치에서 묵묵히 주어진 임무와 역할에 최선을 다하고 충실한 모습을 보이는 것이 아닐까 생각한다. 평범하기 때문에 더 힘들 수도 있겠지만 튀는 것보다는 평범한 것의 비율이 더 높기에 아직은 이 세상을 살만한 곳이라 하는지도 모르겠다.

제비꽃 중에도 화려하거나 희귀하지 않아 평범한 삶을 살아가는 종류가 있다. 바로 콩제비꽃이다. 적어도 야외조사를 나가거나 채집한 표본을 정리하다 보면 십중팔구는 수집이 되어 올 정도로 우리나라 전역에서 흔하게 자란다. 멀리 갈 것도 없이 아침저녁 산책길에서도 물이 흐르거나 습지가 있으면 여지없이 만날 수 있다. 그러다 보니 계곡 주변의 습지를 대표하는 지표종어느 지역이나 집단을 특징짓는 대표 식물처럼 인식되고 있다. 가끔은 너무 등산로 주변으로 가까이 나가 사람에게 짓밟히는 안타까움을 겪기도 하지만 그래도 자기 삶터를 지키려고 무던히 애쓰

콩제비꽃(2004년 5월 19일_울릉도)

는 모습이 보기 좋다. 콩제비꽃은 우리나라에서 자라는 다른 종류의 제비꽃에 비해 꽃이 약간 작아 왜소해 보이지만, 모가지를 꼿꼿하게 세우고 앞을 바라보고 서 있는 흰 꽃의 모습은 더없이 야무지다. 습지나 물이 흐르는 곳에 주로 자라서 그런지 종자가 물길을 따라 퍼져 나가 개체 수가 많은 곳은 물줄기의 시작에서 끝까지 넓은 면적을 차지하기도 한다. 올망졸망 모여 있는 작은 군락은 서로 자기 영역을 지키기라도 하듯이 동글동글한 덩어리 형태로 모여서 분포한다. 그조차 화려함보다는 수수함이 느껴진다.

콩제비꽃의 종소명 '*verecunda*'는 '내성적'이라는 뜻으로, 전체적인 모습에서 풍기는 느낌을 표현한 것 같다. 우리 이름은 콩 같이 작은 잎을 가졌다는 의미로 사용한 것 같다. '콩오랑캐', '조개나물', '조갑지나물', '좀턱제비꽃'이라고도 부른다. 어린순은 나물로 먹는다. 타이완, 러시아(아무르와 우수리), 일본, 만주를 포함한 중국, 한국에 분포하며, 우리나라는 전국에서 볼 수 있다.

형태적 특징

줄기와 뿌리

뚜렷한 줄기는 사상형으로 비스듬히 서거나 포복성이며, 꽃이 필 때 높이는 5~10cm이고 털은 없다. 포복성 줄기의 마디에서는 뿌리가 나기도 한다. 뿌리는 가늘고 길며 흰색이다. 뿌리줄기는 짧고 두껍다.

잎

뿌리에서 올라온 근엽은 난상 심장형이고 길이는 1.5~2.5cm, 폭은 2~3.5cm이다. 잎끝은 둔두 또는 원두, 잎 아래는 심장저이며, 가장자리에는 둔한 거치가 있

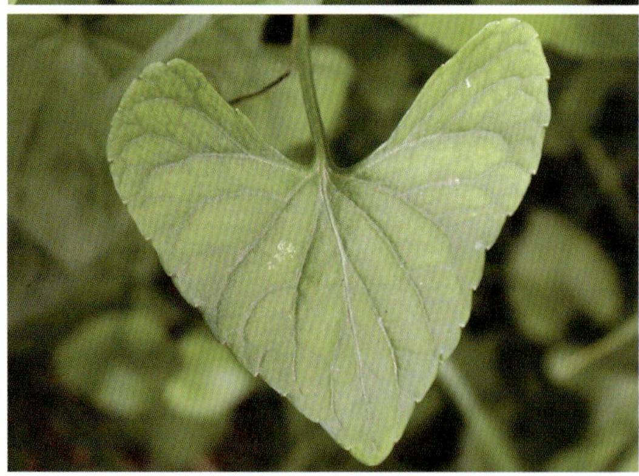

1
2
3
1–3 개방화기 경엽의 앞면

다. 잎자루는 3~8cm이다. 줄기에 달리는 경엽은 어긋나 달리고 모양은 근엽과 비슷하나, 길이는 2~4cm, 폭은 2~5cm이며 잎끝은 예두, 밑부분은 심장저이고 가장자리에는 둔한 톱니가 있다. 턱잎은 피침형으로 길이는 7~20mm이며 끝은 둔두이고 가장자리에는 톱니가 없거나 1~2개의 작은 거치가 있다. 잎은 개체에 따라 엽저가 다소 넓은 신장형인 것에서 원형에 가까운 형태 등이 나타난다. 원형에 가까운 형태는 폐쇄화기로 가면서 잎이 커질수록 더 많이 관찰된다.

꽃

꽃은 좌우 대칭이고 지름이 1~1.2cm이며 4~5월에 흰색으로 피고 잎겨드랑이엽액에 달린다. 안쪽은 초록색이고, 대부분 측면과 아래 꽃잎에 자색 무늬가 있으나 간혹 위쪽 꽃잎에도 무늬가 있는 것이 있다. 꽃자루는 길이 3~8cm로 윗부분에 소포가 있다. 꽃받침은 넓은 피침형으로 뒤쪽은 갈라지지 않고 끝은 둔두이다. 꽃잎은 길이 8~10mm이고 2장의 옆 꽃잎 안쪽에는 털이 있다. 꽃뿔은 반원형이고 길이는 2~3mm이다. 수술은 5개이고 씨방에는 털이 없다. 암술대에는 부리가 있고 위쪽은 양 측면이 위쪽으로 현저하게 돌출되어 있으며 전체적으로는 옷깃 모양이다.

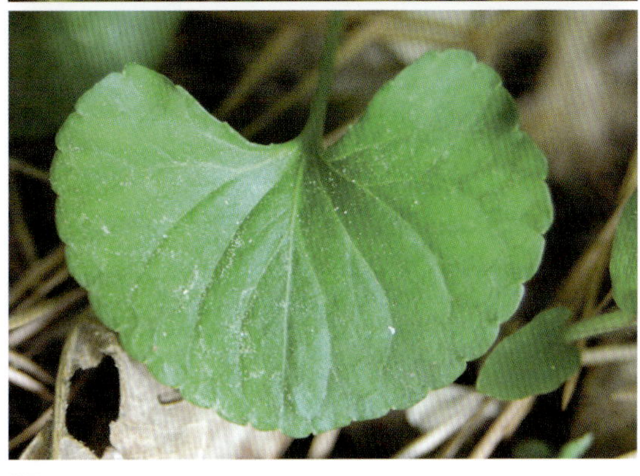

1
2
1-2 근엽의 앞면

열매와 종자

열매의 길이는 6~8mm이며 계란 모양이다. 종자는 진한 흑갈색 또는 회색이며 길이는 1.2~2.4mm이다.

생육 습성

여러해살이풀로, 주로 저지대 습한 산지의 비탈면 또는 등산로 주변에서 볼 수 있으며 노지나 밭둑, 길가 등에서도 흔하게 관찰할 수 있다.

비슷한 종류

암술머리의 형태는 선제비꽃(*V. raddeana* Regel)과 비슷하나, 선제비꽃은 꽃이 필 때 줄기의 높이가 30~50cm로 크고 잎의 모양은 피침형이며 턱잎이 크게 자라

1 꽃 정면 2 꽃 측면 3 꽃 안쪽_ 옆 꽃잎에 털이 있다. 4 줄기와 턱잎_ 털이 없으며 턱잎은 갈라지지 않는다.

구별된다. 콩제비꽃에 비해 잎이 초승달 모양으로 가늘고 길게 구부러지는 것은 반달콩제비꽃(*V. verecunda* var. *semilunaris* Maxim.)이라고 한다.

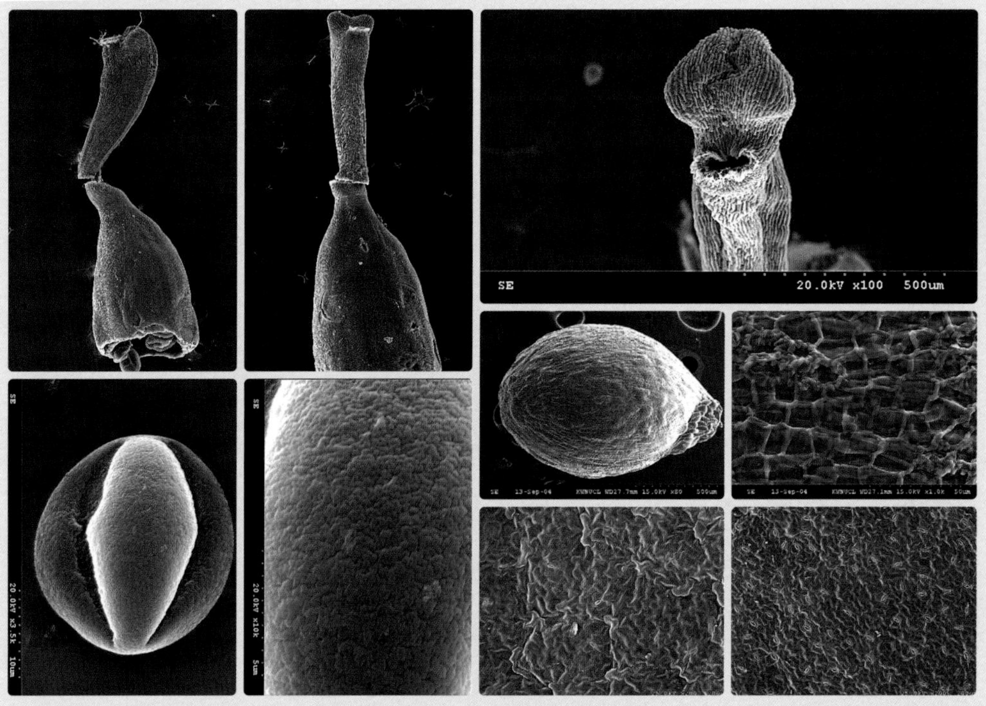

1 암술 측면 2 암술 정면_ 씨방에 털이 없다. 3 암술머리 윗면_ 위쪽이 돌출하고 앞쪽에는 부리가 있다. 4 타원형 종자 5 종자 표면에 사각형 또는 오각형으로 돌출된 큐티클층이 있다. 6 적도면에서 본 3공구형의 꽃가루 7 꽃가루의 표면 무늬는 망목이 0.5㎛ 이하인 세망상문이며 표면은 울퉁불퉁하다. 8 잎 앞면 9 잎 뒷면_ 기공이 많이 분포한다.

선제비꽃

Viola raddeana Regel

연말이 다가오면 기업들은 앞다투어 신입사원을 선발한다는 광고를 낸다. 직원을 뽑는 입장에서는 가능하면 소수 정예의 인원을 뽑으려 하겠지만, 학생을 가르치는 사람으로서는 해마다 입사 관문이 넓지 않아 마음이 아프다. 그래도 꾸준히 노력한 사람이 선택받을 수 있는 기회가 열려 있어서 다행이다. 물론 그 선택을 받으려면 자질과 능력을 인정받아야 하니 그리 쉽지만은 않다.

식물의 세계에서도 비슷한 일이 벌어진다. 자생지를 넓게 잡은 종류라면 사람들의 관심에서 멀어지지만 소위 멸종위기식물이나 희귀식물, 우리나라에서만 자라는 특산식물 종류들은 식물학자들 사이에 관심도가 최우선이다. 예를 들어 제비꽃 종류 중 한동안 멸종한 것으로 알려졌던 선제비꽃 같은 것이다. 식물도감에는 선제비꽃의 분포가 경기도 수원 지역이라 되어 있지만 적어도 지난 몇십 년 동안에는 채집된 기록이 없다. 오래전 기록을 무작정 전한 느낌이 든다.

몇 년 전 어느 날 택배로 큰 상자 하나가 연구실로 도착했다. 상자를 열어 보니 선제비꽃 표본이었다. 보낸 분과 통화를 하니 우연히 조사를 하다가 특이하다 싶어 1차 동정은 했는데 확신할 수가 없어 내게 표본을 보낸 것이라 했다. 채집지는 부산 근처 강 주변의 습한 지역이라고 알려 주었다. 거의 멸종한 것으로 알려졌던 종의 새로운 분포지가 밝혀진 셈이다. 이럴 때면 절로 만세가 터져 나온다. 이 식물을 찾으려고 그렇게 노력을 해도 몇 년 동안 비슷한 것조차 찾지 못했는데, 이렇게 뜻밖의 귀한 정보를 얻으면 마치 세상을 다 가진 것처럼 행복해진다. 내친김에 당장 채집지를 방문하겠다고 했더니 혼자 가서는 절대로 찾을 수 없다고 했다. 그렇다면 방법은 한 가지. 그분과 동행하는 것으로, 체면 불구하고 시간이 없다는 데도 반 강제로 허락을 받았다. 약속 당일, 새벽부터 서너 시간을 달려 도착한 곳은 낙동강 하구의 넓은 수변 지역이었다. 정말이지 혼자 왔다면 황당할 뻔했다. 폐는 끼쳤어도 정확한 자생지를 알았으니 다행이라 생각하며 선제비꽃을 찾았지만 쉽게 모습을 보여 주지 않았다. 두세 시간을 더 헤맨 끝에 연약해 보이는 몇 개체를 발견한 것으로 그날은 만족해야 했다. 그나마 찾은 것이 다행이었다.

다음해에 손을 꼽아 다시 한 번 그곳을 방문했다. 그런데 상상도 하지 못한 일이 벌어져 있었다. 선제비꽃 자생지 주변의 밭을 일구면서 밭둑이 무너져 그 주변에 있던 개체들이 모두 사라져 버린 것이다. 너무나 안타까워 화가 날 지경이었다. 그 이후로 몇 년을 꾸준히 방문해 주변 지역을 샅샅이 뒤져 인근 지역에 자라는 몇 개체를 겨우 확인했다. 지금도 그곳의 선제비꽃들이 언제까지 보전될

선제비꽃(2006년 5월 28일_양산 원동리)

지 항상 걱정이다. 선제비꽃이 그저 평범한 식물이었다면 별다른 관심을 보이지 않았겠지만 멸종위기종이기에, 특히 제비꽃을 연구하는 사람들에게는 귀한 존재이기에 노심초사할 수밖에 없다. 그저 앞으로도 오랫동안 그 명맥이 유지되었으면 하고 바랄 뿐이다.

종소명 '*raddeana*'는 독일의 식물학자 'Radde'의 이름에서 따온 것이며, 우리 이름은 줄기가 곧게 선다는 의미 같다. '선오랑캐' 또는 '선씨름꽃'이라고도 부른다. 러시아(아무르, 우수리), 일본, 중국의 만주, 한국에 분포하며, 우리나라에서는 경상남도의 낙동강 근처 저지대 습지에서 자란다.

형태적 특징

줄기와 뿌리

뚜렷한 줄기는 직립하며 가지를 친다. 높이는 꽃이 피는 시기에 30~50cm로 크며 털은 거의 없다. 뿌리는 많고, 가늘며 길고 흰색이다.

잎

뿌리에서 올라온 잎근엽은 삼각상 피침형으로 대부분 꽃이 필 때쯤이면 없어지나 종종 그렇지 않은 경우도 있다. 줄기에 달리는 잎경엽은 어긋나 달리고 모양은 삼각상 피침형으로 길이 4~10cm, 폭 1~3cm이고, 잎끝은 예두, 밑부분은 평저 내지 약한 심장저이며 가장자리에는 약한 둔거치가 있다. 턱잎은 작은 잎 모양으로 선상 피침형이며 길이는 3~6cm로 우리나라에 분포하는 제비꽃속 식물 중 가장 크다. 턱잎의 끝은 둔두이고 가장자리에는 작은 거치가 있다.

1 2
3 4 1 경엽의 앞면 2 경엽의 뒷면 3 근엽의 앞면 4 근엽의 뒷면

꽃

꽃은 좌우 대칭이며 지름이 0.8cm이고 5~6월에 흰색 또는 연한 자색으로 핀다. 아래 꽃잎에는 뚜렷한 자색 줄무늬가 있으나 옆 꽃잎의 무늬는 흐리다. 꽃자루는 길이 3~8cm로 중간 부분에 소포가 있다. 꽃받침은 피침형으로 뚜렷한 부속체가 있으며 끝은 점첨두이다. 꽃잎은 길이 8~10mm이며 옆 꽃잎 안쪽에는 털이 있고, 꽃뿔은 반원형으로 길이는 1.5~2mm 정도이다. 수술은 5개이고 씨방에는 털이 없다. 암술머리에는 부리가 있으며 윗부분은 양면이 돌출하여 전체적으로는 옷깃 모양이지만 개체에 따라 돌출 정도는 다소 차이를 보이기도 한다.

1 꽃 정면 2 꽃 안쪽_ 옆 꽃잎에 털이 있다. 3 꽃 측면 4 턱잎_ 가장자리에 작은 거치가 있다.

열매와 종자

열매의 길이는 9~11mm로 타원형이다. 종자는 진한 회색이며 길이는 1.4~1.7mm이다.

생육 습성

여러해살이풀로, 습지 주변의 수분이 많은 지역에 자란다. 자생지의 토양은 점토가 많이 함유되어 있으며, 작은 군락이 패치를 이룬다. 주변의 달뿌리풀과 억새 등에 의해 피압되어 자생지 보호가 필요하다.

비슷한 종류

국내에 분포하는 제비꽃 종류 중 선제비꽃과 유사한 형태를 보이는 종은 없으나 암술머리의 형태는 콩제비꽃(*V. verecunda* A. Gray)과 가장 비슷하다. 뿌리에서 올라오는 근엽만 보면 흰젖제비꽃(*V. lactiflora* Nakai)이나 흰제비꽃(*V. patrinii* DC. ex Ging.)과 비슷하지만 줄기의 유무로 뚜렷하게 구분된다.

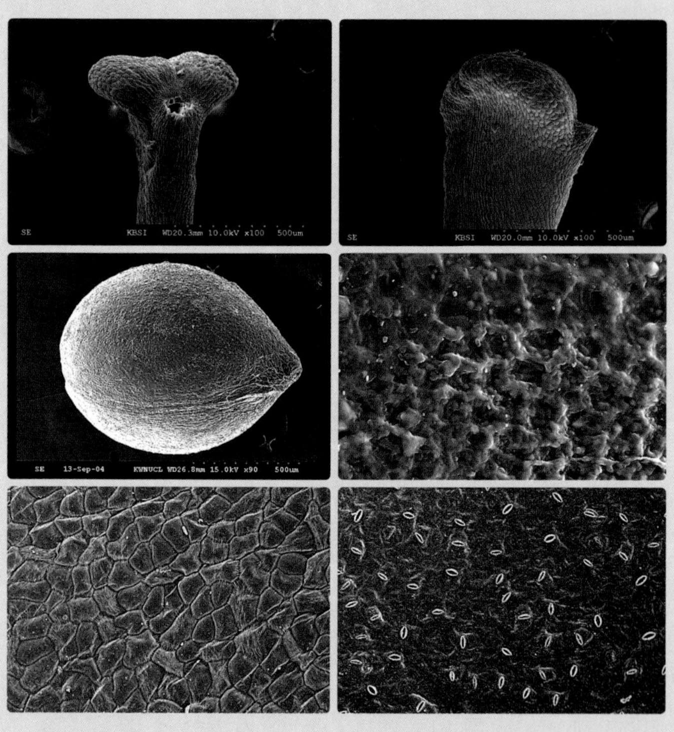

1	2
3	4
5	6

1 암술머리 정면_ 양면이 돌출되어 있고 앞쪽에 부리가 있다. 2 암술머리 측면 3 종자는 타원형이며 우리나라에 분포하는 제비꽃속 식물 중 가장 작은 편이다. 4 종자 표면에 사각형~오각형 모양의 큐티클층이 있다. 5 잎 앞면_ 표피세포는 각이 진 모양이다. 6 잎 뒷면_ 표피세포는 파상형이며 기공이 많다.

졸방제비꽃

Viola acuminata Ledeb.

대부분의 식물들은 홀로살기를 좋아한다. 처녀 총각으로 혼자 늙어간다는 이야기가 아니라 줄기를 하나씩만 가지고 사는 것이 많다는 말이다. 물론 하나의 뿌리에서 줄기가 여러 개 나와 다복한 모습을 한 종류도 있지만 단생單生하는 것이 대부분이다. 그러다 보니 종자로 번식하는 종류는 씨가 충실하게 만들어지면 질수록 자기 세력을 확장해 나갈 수 있다. 그런 상황이 오랜 시간 지속되면 우점종優占種 타이틀을 갖게 된다. '우리나라 중부 지방의 숲은 우점종이 해발 600미터 이하 낮은 곳은 소나무요, 800미터 이상 높은 곳은 신갈나무' 라는 교과서 같은 이야기도 오랫동안 이런 과정을 거쳐 만들어진 것이다.

활동성 없는 식물이 전국으로 퍼져 나가기 위해 얼마나 많은 시간이 필요했을까? 작물을 키우려고 밭에 씨를 한 줌씩 뿌려도 싹을 틔워 올라오는 개체가 그리 많지 않다. 종자가 잘 발아할 수 있는 조건을 갖추어 뿌려도 그렇다. 하물며 자연조건 속에서 튼실한 종자를 만들고 잘 발아될 수 있도록 하는 것은 엄청난 일이었을 것이다. 씨를 만들지 않고 무성적으로 개체 수를 늘려 가는 식물 중에는 지하경地下莖, 즉 땅속줄기로 번식하는 종류도 있다. 땅속으로 뻗어가는 줄기의 마디마디에서 새 줄기가 나오는 것이다. 그러니 한 개체만 발견하면 그 주위에서 마치 복사라도 한 듯이 똑같은 개체를 여럿 만날 수 있다. 잘 알고 있는 둥굴레를 예로 들면 자생지에서 그 뿌리를 잘 캐어 보면 하얀색 땅속줄기가 인접해 있는 개체와 줄줄이 연결되어 있다. 그래서 둥굴레가 발견된 주변으로는 넓게 군락이 만들어진 것을 볼 수 있다. 듬성듬성 독립적으로 무리를 짓는 것이 있는가 하면 그 군락이 다시 합쳐져 운동장만큼 넓게 분포하기도 한다.

땅속줄기도 없는데 무리 지어 군락을 이루는 제비꽃이 있다. 바로 졸방제비꽃으로, 모든 개체가 다 군락을 형성하는 것은 아니지만 대부분은 장독대 위에 소복하게 쌓인 눈처럼 동그랗게 모여 있다. 경기도 가평의 명지산에 가면 이런 모습을 쉽게 볼 수 있다. 명지산 정상을 오르려면 주차장에서 계곡 주변으로 나 있는 등산로를 따라 한 시간 정도 걸어야 본격적인 산행이 시작되는데 그 계곡에서 졸방제비꽃 군락을 여럿 볼 수 있다. 꽃이 필 무렵에 가면 마치 예쁘게 가지를 친 회양목처럼 모여 앉아 아름답게 피어 있는 모습을 만날 수 있다. 뿌리를 캐어 보면 축이 되는 뿌리주근 주변으로 잔뿌리가 많이 나 있고 그 위로 여러 개의 줄기가 한꺼번에 나와 서로 포개져 있다. 꽃이 핀 후 잘 맺은 종자는 바로 땅바닥으로 떨어져 다음해를 기약한다. 이렇게 여러 해 동안을 반복하다 보니 함께 모인 것이 아닌가 싶다.

초등학교 다닐 때 봄이면 학교 화단에 백일홍, 금잔화 같은 예쁜 화초를 심고,

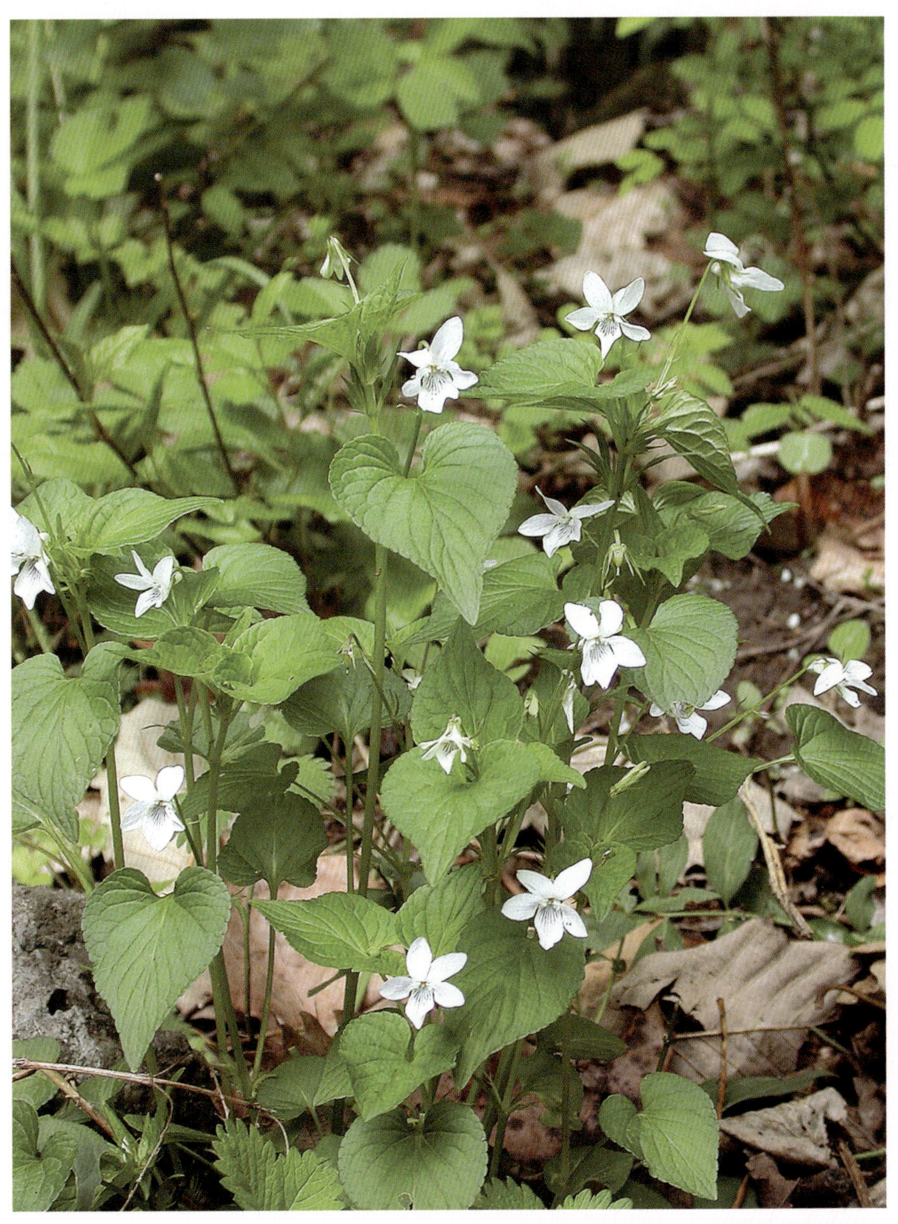

졸방제비꽃(2004년 5월 20일_울릉도)

가을이면 학교 앞 큰길가에 코스모스 씨를 한 줌씩 뿌려 놓았던 기억이 있다. 그때 심은 코스모스가 지금은 도로 주변을 점령해 아름답게 장식하고 있는 것을 보게 되는데, 명지산 계곡 주변의 졸방제비꽃도 언젠가는 그 계곡길을 제비꽃 길로 만들어 멋진 풍경을 보여 주지 않을까 기대해 본다.

졸방제비꽃의 종소명 '*acuminata*'는 잎끝이 서서히 뾰족해지는 모양점첨두을 표현한 것이다. 우리 이름의 의미는 알려져 있지 않은데 꽃에 비해 씨방의 크기가 작아서 붙여진 이름이 아닌가 싶다. 어린순을 나물로 먹어 '졸방나물'이라고도 부른다. 러시아(시베리아 동부, 아무르, 우수리), 일본, 중국(만주), 한국에 분포하며, 우리나라에는 전국의 산지 숲 속에서 자란다.

형태적 특징

줄기와 뿌리

줄기는 꽃이 필 때쯤이면 대부분 똑바로 서지만 그 전에는 여러 개가 함께 모여 뭉쳐나기총생하는 것처럼 자라거나 몇 개가 비스듬히 자란다. 줄기는 털이 약간 있으며 드물게 가지치기를 하기도 한다. 높이는 꽃이 필 때에 약 16~30cm이다. 뿌리는 가늘고 흰색이다.

잎

잎의 길이는 2.5~4cm, 폭은 3~5cm이고, 잎끝은 점첨두, 밑부분은 잎몸엽신의 밑부분이 좌우로 처져 있는 이저이고 가장자리에 둔한 거치가 있다. 뿌리에서 올라온 잎은 없다. 줄기에 달리는 잎은 양면에 연모가 있고 심장형 내지 좁은 심장형이며 길이는 2.5~4cm, 폭은 3~5cm이다. 잎끝은 예두 내지 점첨두이고, 밑부분은 심장 모양 또는 얕은 심장 모양이며 잎 가장자리에는 둔한 거치가 있다. 잎자루는 1~3cm이다. 턱잎은 긴 타원형이며 길이는 1.5~2.5cm이고 가장자리는 가늘게 갈라진다.

꽃

꽃은 좌우 대칭이며 지름이 1.5~2cm이고 5~6월에 연한 자색으로 핀다. 개체에 따라 진한 자색을 띠거나 남자색 또는 흰색에 가까운 색을 띠기도 한다. 꽃자루 길이는 5~10cm이며, 작은 잎처럼 생긴 소포는 중간 윗부분에 달린다. 꽃받침은 좁은 피침형으로 끝은 예두이다. 꽃잎은 길이 8~13mm로 가장 윗부분의 꽃잎은 뒤로 말리고, 좌우측에 있는 옆 꽃잎에는 연모가 밀생하며 가는 자색 줄이 있다. 가장 아래쪽 꽃잎에도 자색 줄이 있다.

1 경엽의 앞면 2 경엽의 뒷면 3 턱잎_ 가장자리가 빗살처럼 가늘게 갈라진다.

1 꽃 정면 2 꽃 안쪽_ 옆 꽃잎에 연모가 밀생한다. 3 꽃 측면

꽃뿔은 길이가 3~4mm이다. 수술은 5개이고, 씨방에는 털이 없다. 암술대에는 부리가 있으며 모양은 원통형이고 상부의 암술머리 뒤쪽으로 돌기모가 있다.

열매와 종자

열매는 난형이고 표면에 무늬는 없다. 종자는 진한 갈색이며 길이는 1.7~2.2mm이다.

1 2 3 꽃 색깔의 변이_ 1 2006년 4월 27일 치악산 2 2005년 8월 10일 백담사 3 2005년 5월 12일 경기도

생육 습성

여러해살이풀로, 저지대에서부터 산 중턱까지 널리 생육해 다소 건조한 임도에서 습한 경사면 부근에 이르기까지 폭넓은 적응 범위를 보인다. 그러나 완전히 개방된 지역보다는 상층 수목이 어느 정도 발달한 곳에서 잘 자란다.

비슷한 종류

이름이 비슷한 종류 중 왜졸방제비꽃(*V. sacchalinensis* H. Boissieu)은 꽃이 필 때 높이가 5~15cm로 작고 잎에 털이 없으며 근엽이 있어 구별된다. 큰졸방제비꽃

(*V. kusanoana* Makino)은 옆 꽃잎에 털이 없으며, 꽃이 연한 분홍색으로 차이가 있다. 졸방제비꽃에 비해 꽃잎 안쪽을 제외한 식물체 전체에 털이 없는 개체를 민졸방제비꽃(*V. acuminata* for. *glaberrima* (H. Hara) Kitam.)이라고 한다.

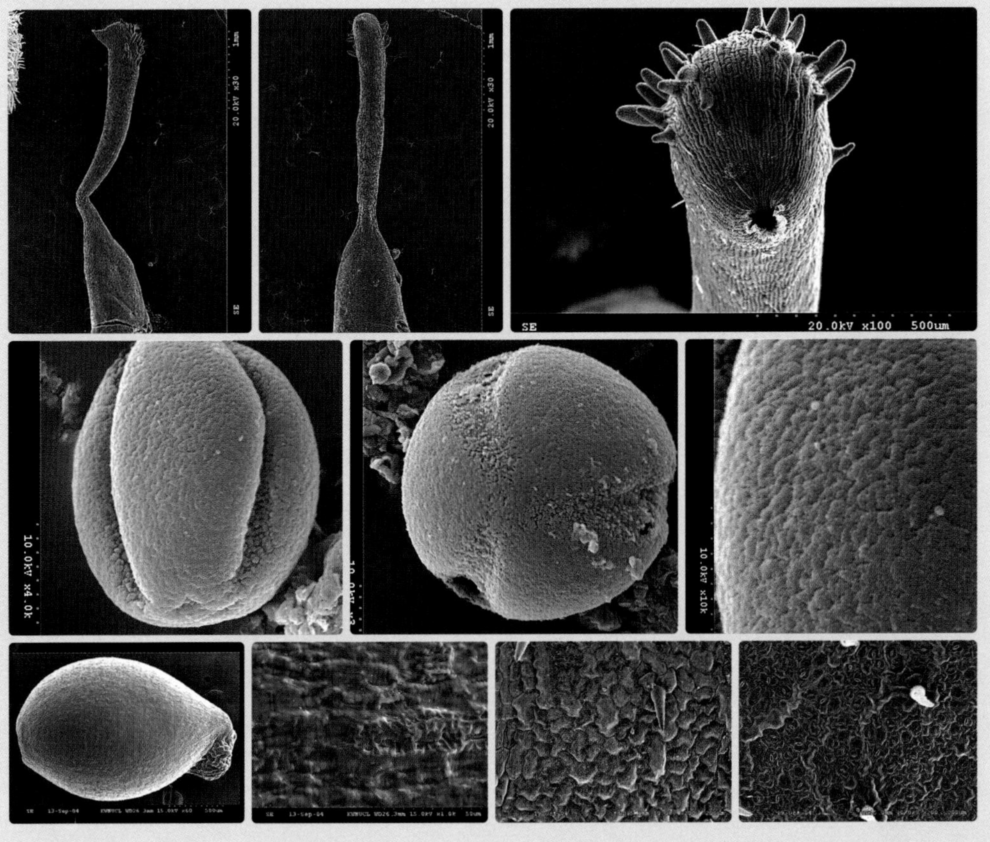

1	2	3	
4	5	6	
7	8	9	10

1 암술 측면　2 암술 정면_ 씨방에 털이 없다.　3 암술머리 윗면_ 앞쪽으로 부리가 있으며 뒤쪽에 돌기모가 있다.　4 꽃가루는 3~4공구형_ 적도면에서 본 3공구형 꽃가루　5 극축에서 본 3공구형 꽃가루　6 꽃가루의 표면 무늬는 미세 망상형이며 표면은 울퉁불퉁하다.　7 타원형 종자　8 종자 표면에 울퉁불퉁한 모양과 벌집 모양의 큐티클층이 혼재한다.　9 잎 앞면_ 털이 있으며 실 모양의 큐티클이 침적되어 있다.　10 잎 뒷면_ 털이 있으며 기공이 많이 분포한다.

Provided from the Herbarium, University of Tokyo(TI)

민졸방제비꽃 표본

왜졸방제비꽃

Viola sacchalinensis H. Boissieu

일부러 어떤 식물을 찾아 조사를 떠날 때가 있는데, 한 가지만 찾아 나선 조사는 헛걸음칠 때도 많다. 그때의 허탈감이란 이루 말할 수 없고 왜 식물을 전공했을까 하는 자책감이 들기도 한다. 그것도 잠시, 찾던 식물을 만나면 큰소리로 만세를 부르며 즐거움을 만끽한다. 참으로 간사한 일이다. 그나마 실망시키지 않고 가끔이라도 눈에 들어와 주니 다행이다. 그래서 요즘은 방법을 바꿨다. 오로지 두 개의 내 눈에만 의지하는 것이 아니라 함께 찾아줄 눈을 여러 개 준비하는 것이다. 찾아야 할 식물에 대해 잘 아는 사람 여러 명을 수소문하여 함께 가는 것이다.

얼마 전 백두산 조사에서 왜졸방제비꽃을 찾을 때가 기억난다. 어차피 우리 일행은 식물 사진을 찍거나 관찰하기 위해 백두산에 온 사람들이므로 관찰하다가 제비꽃 종류가 눈에 띄면 무조건 나를 불러 달라고 부탁했다. 버스가 백두산을 향해 달려 가고 사람들은 창밖 풍경을 감상하고 있는데 동료 한 사람이 느닷없이 차를 세우라고 소리를 질렀다. 예전에 이 근처에서 금매화, 털쥐손이, 단풍터리풀, 댕댕이나무, 도깨비엉겅퀴 같은 식물과 특이한 난초 종류를 봤다며 잠시 관찰을 하고 가자고 했다. 차에서 내리자마자 동료들은 누가 시키지도 않았는데 흩어져서 각자 관심 있는 식물을 관찰하기 바빴다. 나도 새롭게 만나는 식물들이 신기해 근처를 샅샅이 뒤졌다. 가장 인상적인 것은 화려한 금매화 꽃이었다. 진한 노란색의 꽃받침과 가늘고 긴 5~10개의 꽃잎이 매력적이었고, 도랑을 따라 여러 개체가 군락을 형성하고 있어 고운 꽃과 흐르는 물이 조화를 이뤄 멋스러움을 연출하고 있었다. 또 이삭처럼 꽃이 피고 잎이 한 장뿐인 이삭단엽란은 그렇게 작은 몸체에 누군가를 기다리기라도 하듯이 하얀색 꽃을 피우고 있었다. 야생화 매력에 흠뻑 빠져 있는데 누군가 나를 찾았다.

제비꽃 종류가 있다는 말에 얼른 달려가 보니 찾고 있던 왜졸방제비꽃이었다. 꽃이 없어 조금 아쉬웠지만 잎사귀 위로 하나씩 올라와 있는 열매가 꽃을 대신해 주었다. 줄기가 J자 모양으로 휘어져 그다지 예쁘지는 않았지만 부분 부분의 특징을 잡아내기 위해 사진기에 접사렌즈를 붙이고 이리저리 특징을 살려 여러 장의 사진을 찍었다. 누가 보면 작품 사진이라도 찍는 줄 알 만큼 신중에 신중을 기해서 말이다. 한번 모습을 드러낸 후에는 이곳저곳에서 관찰할 수 있게 불러 주어 다음날도 만족할 만한 성과를 얻었다. 말 한마디로 쉽게 목표물을 찾아냈던 좋은 경험이었다.

왜졸방제비꽃의 종소명 '*sacchalinensis*'는 러시아의 사할린 지역에서 자란다는 뜻이며, 우리 이름은 일본에 분포하는 졸방제비꽃을 닮았다는 뜻으로 붙여

왜졸방제비꽃(2009년 6월 24일_백두산)

1 잎과 턱잎 2 잎 앞면과 삭과의 열개 3 잎과 열매

진 것 같다. '사하린오랑캐', '북졸방제비꽃', '왕졸방제비꽃'이라고도 부른다. 러시아(사할린, 캄차카), 몽골, 일본, 중국(만주), 한국에 분포하며, 우리나라에는 함경북도와 함경남도의 숲 가장자리에 분포한다.

형태적 특징

줄기와 뿌리

줄기는 뭉쳐나기하는 것처럼 몇 개가 사상형으로 비스듬히 나며, 높이는 꽃이 필 때 5~15cm 정도이다. 기는줄기는 없으며, 뿌리줄기는 두껍고 포복성이다.

잎

뿌리에서 올라온 잎은 꽃이 필 때까지 남아 있으며 둥근 형태의 심장 모양이고 길이와 폭은 각각 3~4cm이다. 끝은 뾰족하나 길지는 않고 밑부분은 심장 모양이며 가장자리에 둔한 톱니가 있다. 잎자루는 잎 길이보다 2~3배 정도 길다. 줄기에 달리는 잎은 원 모양의 심장형으로 길이와 폭은 2~4cm이다. 끝은 뾰족한 예두, 밑부분은 심장 모양 또는 얕은 심장 모양이며, 가장자리에는 둔한 톱니가 있고 잎자루는 0.5~3cm로 길다. 잎의 표면은 윤채가 나며, 뒷면은 꽃이 필 시기에 자색을 띠기도 한다. 턱잎은 깃꼴로 중간 부분까지 갈라진다.

꽃

꽃의 지름은 2cm이며 5~6월에 연한 자색으로 핀다. 꽃자루는 길이 5~8cm로 윗부분에 작은 잎 모양의 포가 있다. 꽃받침은 피침 모양이며 끝은 예두로 뾰족하다. 꽃잎은 길이가 10~15mm이고 옆 꽃잎에는 털이 있다. 꽃뿔은 비스듬히 서고 흰색이며 길이는 4~6mm이다. 수술은 5개이고, 씨방에는 털이 없다. 암술대 끝에는 부리가 있으며 원통형이고, 위쪽에는 암술머리 뒤쪽으로 나온 돌기물이 있다.

열매와 종자

열매는 계란 모양의 타원형이고 털이 없다.

생육 습성

여러해살이풀로, 임도나 등산로 주변처럼 해가 잘 드는 곳에서 주로 자란다. 저지대에서 고지대까지 폭넓게 분포한다.

비슷한 종류

국내에 분포하는 것으로 알려진 제비꽃 종류 중 암술머리 뒤편에 돌기모를 가지는 종류는 졸방제비꽃(*V. acuminata* Ledeb.)과 왜졸방제비꽃 두 종뿐이다. 이 두 종은 유사한 생식 기관의 특징을 보여 유연관계가 높은 것으로 판단되지만, 형태적으로는 줄기의 생장 유형, 크기, 털의 유무, 근엽의 유무 등에서 차이를 보인다.

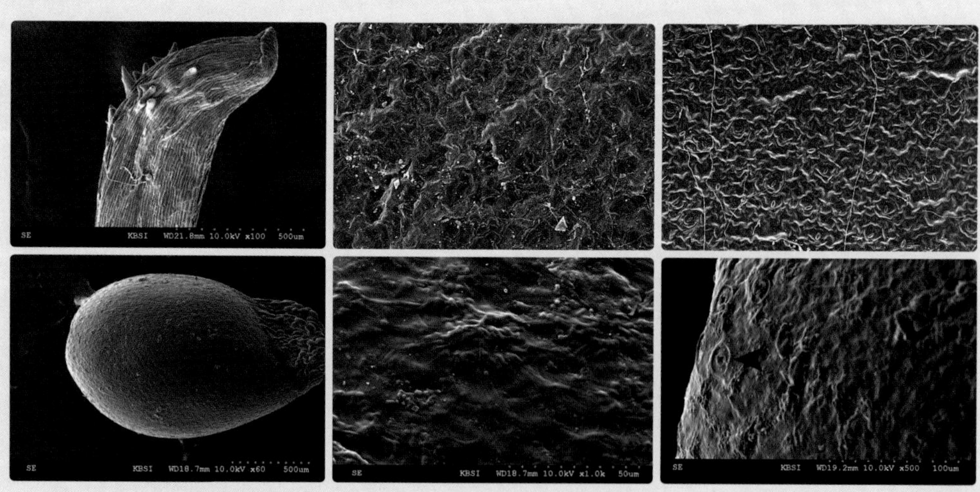

1 2 3 / 4 5 6

1 암술머리_ 뒤쪽에 돌기모가 있다. 2 잎 앞면_ 표피세포가 파상형이다. 3 잎 뒷면_ 표피세포는 파상형이며 기공이 많이 분포한다. 4 타원형 종자 5 종자 표면에는 돌출된 무늬가 불규칙하게 나타난다. 6 종자 표면에 기공이 분포한다.

참졸방제비꽃

Viola koraiensis Nakai

백두산 관광은 어지간히 운이 따르지 않으면 실패할 때가 많다. 날씨가 하도 시시각각으로 변하기 때문인데, 그 덕에 우비나 우산 장사와 택시 등이 호황을 누린다. 단순히 관광을 위한 여행이라면 그리 문제될 것이 없겠지만, 식물을 관찰하러 나선 길이라면 비는 난감하기 짝이 없는 존재이다. 또 식물을 관찰하더라도 특별한 목적이 있는 사람과 그렇지 않은 사람의 기대가 다르다. 그저 백두산의 식물 관찰이 목적이라면 등산로 주변의 식물만으로도 만족할 수 있겠지만, 특정한 종을 만나야 한다면 여간 신경 쓰이는 일이 아니다. 일정 내에 만나지 못한다면 여행은 100퍼센트 실패하는 셈이기 때문이다.

참졸방제비꽃을 찾아 나섰을 때가 그랬다. 운이 따르는지 날씨는 화창하고 산들바람까지 불어 한낮의 더위를 식혀 주었다. 시야가 넓어 백두산 주변을 샅샅

참졸방제비꽃(2012년 7월 8일_백두산)

이 살펴볼 수 있었다. 그러나 높은 곳으로 오르면 오를수록, 시간이 흐르면 흐를수록 오전에 아래쪽에서 보았던 식물들이 반복해서 나타났다. 하산할 때가 다 되도록 참졸방제비꽃은 만나지 못했다. '내년을 기약해야 하나' 아니면 '내일 다시 등반을 해야 하나' 이런 저런 생각에 머릿속이 복잡했다. 그렇다고 동행한 이들과 떨어져 혼자 남아 찾아나서기도 뭐해서 일행을 따라 산을 내려올 수밖에 없었다. 하산 길은 경사가 진 내리막이라 절로 걸음이 빨라져 올라올 때보다 식물을 관찰하기가 쉽지 않았다. 하는 수 없이 새로운 식물을 찾는 것은 거의 포기 상태였다. 해가 뉘엿뉘엿 넘어가며 붉은 석양이 절정을 이룰 무렵 여기저기서 '제비꽃 찾는 사람'을 불러 댔다. 아침에 부탁을 하면서도 큰 기대를 하지 않았는데, 고맙게도 온종일 제비꽃 종류만 나타나면 이름을 불러 주었다. 사람들이 찾는 곳으로 가니 온갖 시련을 극복하고 살아남은 참졸방제비꽃이 그곳에 있었다. 높은 곳이라 유난히 덩치가 작고 왜소했다. 기후 환경에 적응하려 얼마나 애썼을지 짐작이 되는 모습에 마음이 짠해졌다. 몸은 여려도 수정을 위해 여느 보라색보다 훨씬 진한 꽃과 줄기가 강인해 보였다.

참졸방제비꽃의 종소명 '*koraiensis*'는 한국에서 자란다는 뜻이고, 우리 이름은 졸방제비꽃과 형태가 비슷하여 붙인 것 같다. '참졸방나물'이라고도 부른다. 한국에 분포하는 참졸방제비꽃은 백두산 1500~2400m 높이에 분포한다.

형태적 특징

줄기와 뿌리

줄기는 뭉쳐나기하며 옆으로 약간 기울어지고 털은 없다. 전초의 크기는 15~20cm로, 제비꽃속 식물 중 비교적 작은 종이다.

1 줄기와 꽃 2 꽃 정면_ 옆 꽃잎에 털이 없다. 3 잎과 턱잎_ 턱잎의 가장자리는 1/3 정도로 얕게 갈라진다.

잎

뿌리에서 올라온 잎은 꽃이 필 때 없어진다. 모양은 둥근 형태의 심장 모양이며 길이와 폭은 각각 0.9~1cm이다. 끝은 둥글고 밑부분은 얕은 심장 모양이며 가장자리에는 둔한 톱니가 있다. 잎자루는 3.3cm로 길다. 줄기에 달리는 잎은 원 모양의 심장형이며 길이와 폭은 1.6~2.0cm이다. 잎끝은 둥글고 밑부분은 심장 모양 또는 얕은 심장 모양이며, 가장자리에는 둔한 톱니가 있다. 잎자루는 1.8~2cm 정도이다. 턱잎은 피침형이고 1/3 이하에서 갈라지며 갈라진 조각의 가장자리에는 털이 약간 있다.

꽃

꽃의 길이는 1.5cm 정도이고 6월에 진한 자색으로 핀다. 꽃자루는 4~5cm이고 윗부분에 작은 잎 모양의 포가 있다. 꽃받침은 선상 피침 모양 또는 피침 모양이며 끝은 예두로 뾰족하다. 꽃잎은 길이가 12~15mm이고 아래쪽 좌우측의 옆 꽃잎에는 털이 없으며, 꽃뿔은 2~3.5mm로 짧다. 수술은 5개, 씨방에는 털이 없고, 암술대는 평활하며 위쪽에는 암술머리 뒤쪽으로 나온 돌기물이 없다.

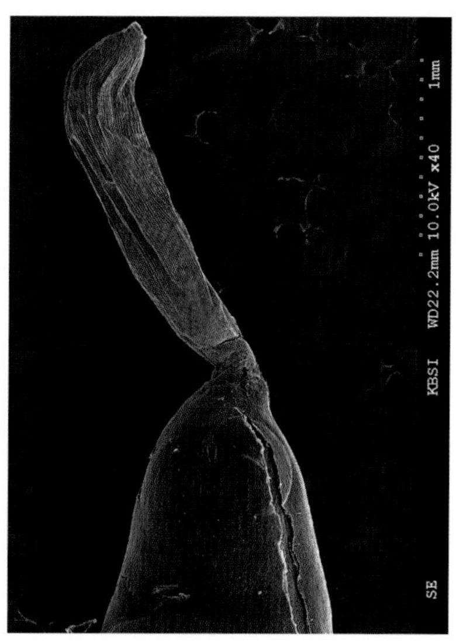

암술 측면_ 씨방에 털이 없고, 암술머리는 갈고리 모양으로 굽어 있다.

열매와 종자

열매는 타원형으로 끝이 뾰족하며 길이는 7~8mm 정도이다.

생육 습성

여러해살이풀로, 고산 지대에 분포하는 종류 중의 하나이다. 상층 수목이 많지 않은 곳에서 주로 자란다.

비슷한 종류

왜졸방제비꽃(*V. sacchalinensis* H. Boissieu)과 외부 형태가 유사하여 학자에 따라서는 두 종을 통합하기도 한다. 그러나 왜졸방제비꽃은 암술머리에 돌기모가 있고 옆 꽃잎 안쪽에 털이 있어 참졸방제비꽃과 구별된다.

큰졸방제비꽃

Viola kusanoana Makino

울릉도에 가면 꼭 보고 와야 할 것이 몇 가지 있다. 성인봉, 나리 분지, 도동의 향나무, 해안 산책로 등이다. 1980년대 초까지만 해도 배 멀미와 사투를 벌이며 몇 시간을 가야 했지만 요즘은 두세 시간이면 도착한다. 배도 커지고 속도도 마치 공중 부양이라도 하듯 빨라졌기 때문이다. 처음 울릉도에 갔을 때는 숙소가 민박집뿐이었고, 버스 외에는 교통수단이 마땅하지 않아 대부분 걸어서 구경을 다녀야 했다. 날씨가 나빠 파도가 조금만 높아도 배가 들어오지 못해 며칠씩 섬에 발이 묶여 있어야 했다. 덕분에 우도라는 섬도 가 보고 회도 실컷 먹었다. 요즘처럼 신용카드가 일반화되지 않았던 때라 현금이 떨어지면 집으로 전화를 걸어 민박집 통장으로 돈을 부치게 해서 찾았던 기억이 있다. 그때와 건물 모양은 달라졌지만 우체국은 지금도 그 자리에 있다. 최근에는 숙소도 많이 늘고 레저용 차량의 택시가 즐비해 어디든지 가기 편해졌다. 모든 상점에서 신용카드를 사용할 수 있고, 뱃길도 여러 개라 아주 큰 파도만 아니면 섬에 갇히는 일도 크게 줄었다. 사람들의 생활 방식에 따라 울릉도도 많은 변화를 가져왔지만 여전히 변함없는 것도 있다. 성인봉을 중심으로 한 숲이다.

울릉도의 숲은 육지와는 달리 매우 독특하다. 해발 600미터를 기준으로 아래쪽은 상록 활엽수가 자리 잡고 있고 위쪽으로는 낙엽 활엽수와 침엽수가 분포한다. 최근 보고에 따르면 울릉도에 분포하는 식물 종류는 약 520분류군이고, 울릉도 숲의 축이라 할 수 있는 성인봉의 식생은 섬잣나무 군락, 솔송나무 군락, 섬댕강나무 군락, 고추냉이 군락, 고로쇠나무 군락, 당마가목 군락, 너도밤나무 군락 등 크게 7개 군락으로 구성되어 있다고 한다. 나무들이 우점하는 숲 아래쪽으로는 초본류도 많은데 특히 조릿대, 섬노루귀, 명이라고 불리는 산마늘, 큰두루미꽃, 여러 종류의 고사리 등이 눈에 띈다. 어떤 곳은 한쪽 경사면이 온통 고사리들로 덮여 있어 마치 열대림에 와 있는 것 같은 착각을 일으키게 할 정도이다.

재미있는 분포역을 보이는 식물도 있는데, 바로 등산로 주변에서 늘 볼 수 있는 큰졸방제비꽃이다. 큰졸방제비꽃이 어떤 환경에서 자라는지 식생조사를 했더니 큰키나무교목층에서는 고로쇠나무, 당마가목, 너도밤나무의 피도가 높았고 중간 크기 나무아교목층은 쪽동백나무, 고로쇠나무, 너도밤나무, 당마가목, 등수국이 우점하고 있었으며 작은키나무관목층은 바위수국, 섬쥐똥나무, 너도밤나무, 고로쇠나무, 당마가목이 우세하여 모든 층에서 고로쇠나무, 당마가목, 너도밤나무가 우점하는 숲에 자라고 있었다. 초본류로는 파리풀, 큰두루미꽃, 섬바디, 비늘개관중 등의 출현 빈도가 높아 이들이 큰졸방제비꽃과 비슷한 환경을 좋아하는 식물로 나타났다. 큰졸방제비꽃은 모습이 그리 튀지 않아 내세울 것은 없지

큰졸방제비꽃(2004년 5월 19일_울릉도)

만 성인봉 숲의 하층을 구성하는 주요 초본으로서의 역할을 하고 있었다. 우리나라에서는 울릉도에서만 볼 수 있으므로 그것만으로도 분포적 특색이 있다.

큰졸방제비꽃의 종소명 '*kusanoana*'는 일본의 균류학자 이름에서 기원했으며, 우리 이름은 내륙에서 자라는 졸방제비꽃보다 크다는 뜻으로 붙인 것 같다. '섬오랑캐', '죽도오랑캐', '왕졸방나물'이라고도 부른다. 일본과 한국에 분포하며, 우리나라에는 울릉도의 습한 초지 또는 숲 가장자리에서 자란다.

형태적 특징

줄기와 뿌리

줄기는 총생형으로 여러 개가 나와 곧추서거나 사상형으로 기울어진다. 높이는 꽃이 필 때 5~10cm, 열매 맺을 때는 40cm 정도이며 털이 없고 가끔 가지를 친다. 땅속줄기는 굵고 포복형으로 옆으로 긴다.

잎

뿌리에서 나온 잎은 털이 거의 없고 원형상 심장 모양이며 길이와 폭은 각각 3~5cm이지만 열매를 맺을 때는 6cm 정도로 크게 자란다. 잎끝은 짧은 점첨두이고 밑부분은 심장 모양이며, 가장자리에는 얕은 거치가 있고 꽃이 필 때까지도 남아 있다. 줄기에 달리는 잎은 원형상 심장형 내지 원형상 신장형이며, 뒷면은 녹색이고 길이와 폭은 뿌리에서 나온 잎과 마찬가지로 3~5cm이다. 잎끝은 둔두, 밑부분은 심장저이고, 가장자리에는 얕은 둔거치가 있다. 잎자루는 잎보다 1.5~2.5배 길고 위쪽 면으로 말린다. 턱잎은 피침형이고 가장자리가 1/3 정도 갈라진다.

1 2
3 4
1 개방화기의 잎 앞면 2 턱잎_ 피침형으로 가장자리는 1/3 정도 갈라진다. 3 폐쇄화기의 잎 앞면
4 폐쇄화기의 잎 뒷면

꽃

꽃은 좌우 대칭이며 지름이 2cm이고 4~5월에 연한 자주색으로 핀다. 꽃자루는 길이가 3~5cm이고 털이 없으며 중간 윗부분에 소포가 있다. 일반적으로 옆 꽃잎과 아래 꽃잎에 자색 줄무늬가 있다. 꽃받침은 피침형이고 끝은 점첨두이며 털이 없다. 꽃잎은 길이가 15~18mm이고 안쪽은 흰색이며, 옆 꽃잎에는 털이 없다. 꽃뿔은 길이가 7~8mm이고 원통 모양이다. 수술은 5개이고, 씨방에는 털이

1 꽃 정면_ 옆 꽃잎과 아래 꽃잎에 자색 줄무늬가 있다. 2 꽃 안쪽과 암술_ 옆 꽃잎에 털이 없고 암술머리 앞쪽으로 부리가 발달한다. 3 꽃 측면_ 꽃받침과 꽃자루에 털이 없다.

없다. 암술대에는 부리가 있으며 원통형이고 암술머리 뒤쪽으로 나온 돌기모는 없다.

열매와 종자

열매는 긴 타원형이며 털은 없다. 종자는 타원형으로 연하거나 진한 갈색이며 길이는 1.4~1.7mm이다.

생육 습성

여러해살이풀로, 습한 경사면과 계곡부에서 자란다. 불연속적으로 수 개체에서

폐쇄화기의 지상부(2006년 7월 19일_ 울릉도)

수십 개체씩 모여 작은 군락을 형성한다.

비슷한 종류

낚시제비꽃(*V. grypoceras* A. Gray)과 비슷하나 낚시제비꽃은 줄기의 높이가 열매를 맺은 시기에 30cm 정도로 작고, 개방화가 잎겨드랑이뿐만 아니라 줄기에 모두 달리는 것이 다르다. 이름이 비슷한 졸방제비꽃(*V. acuminata* Ledeb.)에 비해서는 옆 꽃잎에 털이 없고 암술머리 뒤쪽에 돌기물이 없어 구별된다.

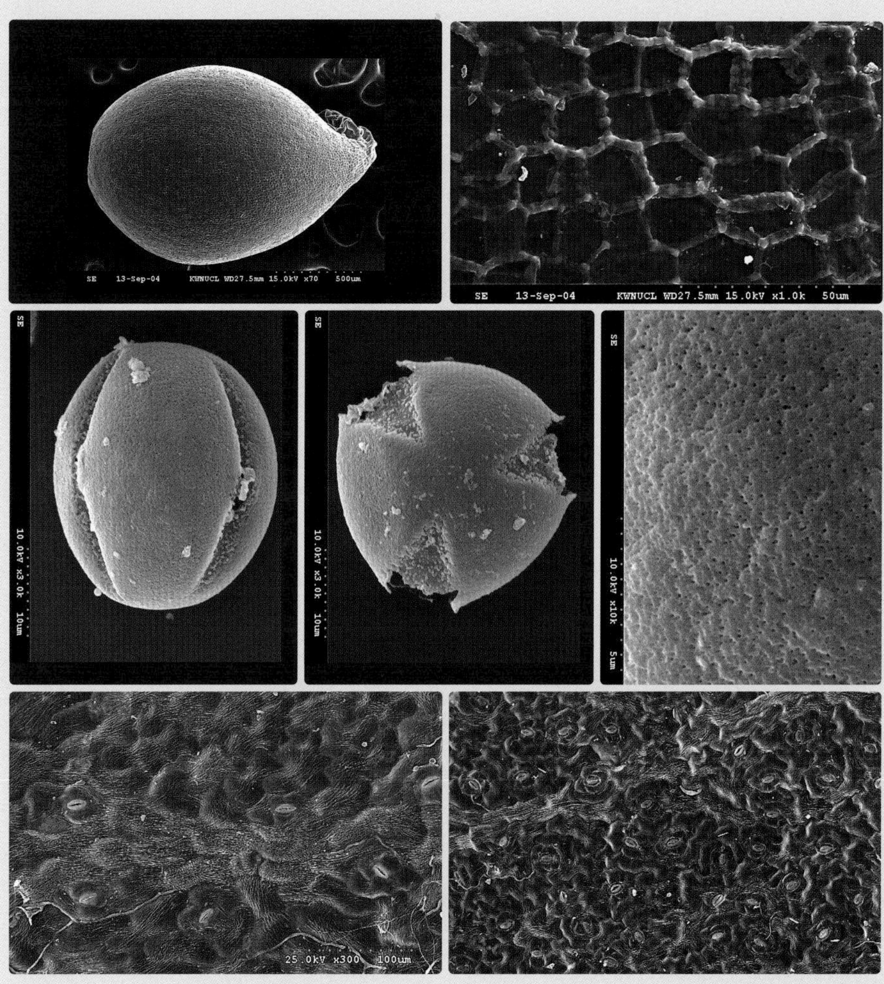

1	2	
3	4	5
6	7	

1 타원형 종자 2 종자 표면에 4~6각형 모양의 큐티클층이 있다. 3 꽃가루는 3~4공구형_ 적도면에서 본 3공구형 꽃가루 4 극축에서 본 3공구형 꽃가루 5 꽃가루의 표면 무늬는 세망상형이며 표면은 울퉁불퉁하다. 6 잎 앞면의 표피세포 7 잎 뒷면의 표피세포

낚시제비꽃

Viola grypoceras A. Gray

예전에 주말 과부라는 말이 유행처럼 번졌던 적이 있었다. 주말에는 온 가족이 함께 어울리며 주중에 소원했던 것도 풀고 새로운 한 주를 준비하며 보내면 좋겠는데, 가장이 낚시, 등산, 축구, 골프와 같은 취미 생활을 하기 위해 주말에도 집을 비우는 것에서 비롯된 말이다. 취미 중에는 한번 빠지면 쉽게 헤어나기 어려운 것이 있는데 그중 하나가 낚시인 것 같다. 낚시는 오로지 자기와의 싸움으로, 낚싯대를 드리운 곳이 바다이든 호수이든 한곳에만 집중하며 행복한 시간을 보낼 수 있기 때문이다. 물고기가 미끼를 물었을 때 낚싯대를 따라 전해지는 손맛에 빠지면 그야말로 가족은 뒷전이 되고 만다. 두말하면 잔소리로 가족들의 원성은 하늘을 찔렀다.

그런데 요즘은 오히려 가장이 집에서 빈둥거리는 것을 더 싫어하는 것 같다.

나만 해도 주말에 좀 쉬려고 하면 아내와 아이들은 불편하다며 학교에 나가라고 투정을 한다. 상황이 이러하니 자연스럽게 야외로 나가 취미 활동을 통해 스트레스도 풀고 에너지도 충전하며 자기 자신에게 충실하게 된다. 반대로 아이들은 어른들 간섭 없이 집에서 자유롭게 컴퓨터 오락을 하거나 텔레비전을 보는 것을 더 원해서 어른은 야외족, 아이들은 집안족이 되는 일이 벌어지고 만다. 시간이 흐르고 사람들의 생활 패턴이 바뀌어도 온 가족이 함께 할 기회를 만들기는 여전히 쉽지 않다.

식물 중에도 낚시와 연관 있는 이름을 가진 것들이 있다. 낚시고사리, 낚시돌풀, 낚시사초, 낚시제비꽃 등으로, 이름만 들어도 그 생김새가 대강 추측이 된다. 처음 낚시제비꽃을 만났을 때의 기억이 생생하다. 어느 해 봄 땅끝 마을 해남으로 식물조사를 갔다. 해남을 중심으로 그 주변 지역을 조사하는데 막 기지개를 켜며 싹을 틔우는 식물이 있는가 하면 무섭게 잎과 꽃을 피워 나가는 식물들이 서로 어우러진 숲의 모습은 그저 신기할 뿐이었다. 숲에서 흔히 볼 수 있는 수종들마저 새로운데 몇몇 제비꽃들이 화려함으로 우리의 눈길을 끌었다. 가까이 다가가서 보니 조금 생소한 종류들이었다. 줄기 아래쪽에 붙어 있는 턱잎의 가장자리가 가는 낚싯줄처럼 잘게 찢어진 종류로, 마치 저수지에 혼자 앉아 여러 개의 낚싯대를 드리워 놓은 것 같은 모습을 하고 있었다. 중부 지방에서는 흔하게 볼 수 있는 종류가 아니어서 잠시 주춤했지만 이내 갈라진 턱잎의 특징 덕분에 낚시제비꽃이란 것을 알아차렸다. 나중에 제주도엘 갔더니 줄기를 가지고 있는 제비꽃 종류는 대부분 낚시제비꽃이었다. 다른 종류와 공통적으로 가지는 비슷한 특징이 많은 종들은 한 가지라도 종을 구별하는 데 유용한 특징이 있다면 종 동정을 확실히 할 수 있다. 적어도 낚시제비꽃은 우리나라에서 자라는 제비꽃 종

낚시제비꽃(2008년 4월 18일_변산반도)

류 중에서 가장 구분이 쉬운 것이 아닌가 생각된다.

낚시제비꽃의 종소명 '*grypoceras*'는 구부러진 동물의 뿔처럼 생겼다는 뜻으로 갈라진 턱잎의 굽은 모양을 표현한 것이며, 우리 이름 역시 갈라진 턱잎 모양 때문에 붙여졌다. '낚시오랑캐' 또는 '낙시오랑캐'라고도 부른다. 일본, 중국, 한국에 분포하며, 우리나라에는 경상남도, 전라남도, 제주도의 산지나 낮은 지역 숲 속에서 자란다.

형태적 특징

줄기와 뿌리

줄기는 몇 개가 비스듬히 자라며 끝이 위를 향한다. 높이는 꽃이 필 때에는 10~20cm, 열매 맺을 시기에는 30cm이며 털은 없고 가지를 친다.

잎

줄기의 잎과 뿌리에서 처음 나오는 잎은 심장 모양으로 비슷하며 길이는 2~

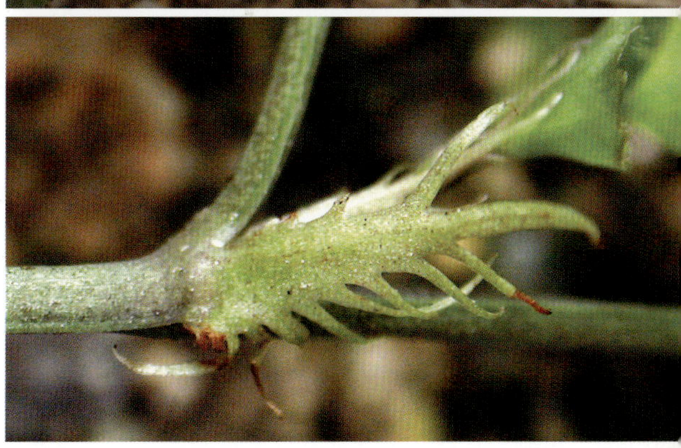

1 잎 앞면 2 잎 뒷면 3 턱잎_ 가장자리가 빗살처럼 갈라진다.

1 2 3 1 꽃 정면_ 옆 꽃잎과 아래 꽃잎에 자색 줄무늬가 있다. 2 꽃 안쪽_ 옆 꽃잎에 털이 없다. 3 꽃 측면

3.5cm, 폭은 2~3.5cm이다. 잎끝은 둔두 또는 예두이고, 밑부분은 심장 모양이며 가장자리에 둔거치가 있다. 잎의 앞면에는 털이 없거나 약간 있고 꽃이 필 때까지 남아 있다. 턱잎은 피침형이고 가장자리는 빗살처럼 깊게 갈라진다. 대부분 폐쇄화기에는 잎이 자라지 않는데 개체에 따라서는 약간 커지는 것도 있다.

꽃

꽃은 좌우 대칭이며 지름이 1.5~2cm이다. 꽃잎은 길이 12~15mm이고 옆 꽃잎에 털이 없다. 꽃뿔은 길이 6~8mm이며 가느다란 원통 모양이다. 꽃잎은 연한 자색이며 안쪽은 흰색이다. 옆 꽃잎과 아래 꽃잎에 자색 줄무늬가 있으며 위 꽃

잎에도 흐리게 나타나는 경우가 있다. 꽃자루는 길이가 6~10cm이고 중간 윗부분에 작은 잎 모양의 소포가 있으며 털은 없다. 꽃받침은 피침형으로 길이 6~8mm, 폭 2mm이며 끝은 점첨두이고 뒤쪽은 갈라지지 않는다. 수술은 5개이고, 씨방에는 털이 없다. 암술대에는 부리가 있고 원통형이며 암술머리 뒤쪽으로 나온 돌기모는 없다.

열매와 종자

열매는 긴 타원형이다. 종자는 타원형으로 연한 갈색 또는 진한 갈색을 띠며 길이는 1.6~1.65mm이다.

생육 습성

여러해살이풀로, 길가, 산지 경사면, 돌 틈, 등산로 등 다양한 곳에서 자라지만 숲 가장자리에 가장 많은 군락을 형성한다. 제주도에 분포하는 개체들은 남부 지방에 자생하는 것보다 크기가 약간 작다.

비슷한 종류

형태적으로는 큰졸방제비꽃(*V. kusanoana* Makino)과 비슷한데 큰졸방제비꽃은 높이가 40cm 정도로 크고 개방화가 줄기의 잎겨드랑이에만 달리며 잎이 원형이라 구별된다. 낚시제비꽃 중 흰 꽃이 피는 것은 흰낚시제비꽃(*V. grypoceras* for. *albiflora* Mak.)이라 한다. 꽃이 필 무렵 줄기가 약간 기울어져 지면과 수평으로 자라고 마디는 짧으며 줄기 높이가 10cm 이하로 작고 잎이 삼각상 심장형인 것은 좀낚시제비꽃(*V. grypoceras* var. *exilis* (Miq.) Nakai)이라 하여 변종으로 분류한다. 좀낚시제비꽃 중에서 꽃이 흰색으로 피는 것은 흰좀낚시제비꽃(*V. grypoceras* var. *exilis* for. *albiflora* Nakai)이라 한다. 흰좀낚시제비꽃은 '흰애기낚시제비꽃'이라고도 부른다. 낚시제비꽃에 비해 꽃뿔과 옆 꽃잎을 제외한 전체에 털이 밀생하는 것을 털낚시제비꽃(*V. grypoceras* var. *pubescens* Nakai)이라 하며 제주도에 분포한다.

낚시제비꽃의 종내 분류군 검색표

1. 잎은 심장형이며, 줄기의 마디는 길고, 식물체의 크기는 보통 15cm 이상이다.
   2. 꽃은 연한 자색이다.
      3. 잎에는 드물게 털이 있지만 전체적으로는 털이 없다 ······························ var. *grypoceras* 낚시제비꽃
      3. 꽃뿔과 옆 꽃잎 안쪽을 제외한 전체에 털이 밀생한다 ······························ var. *pubescens* 털낚시제비꽃
   2. 꽃은 흰색이다 ······························ for. *albiflora* 흰낚시제비꽃
1. 잎은 삼각상 심장형이며, 줄기의 마디는 짧고, 식물체의 크기는 보통 10cm 이하이다.
   4. 꽃은 연한 자색이다 ······························ var. *exilis* 좀낚시제비꽃
   4. 꽃은 흰색이다 ······························ var. *exilis* for. *albiflora* 흰좀낚시제비꽃

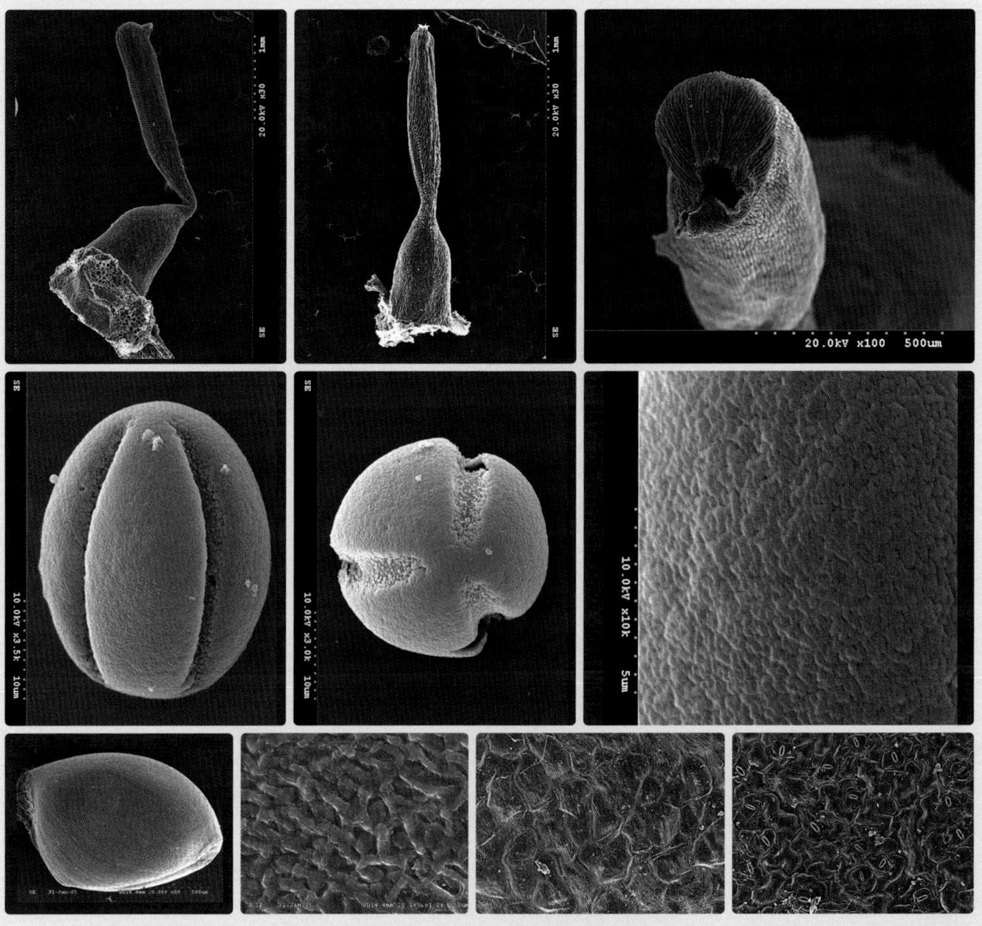

1	2	3	
4	5	6	
7	8	9	10

1 암술 측면 2 암술 정면_ 씨방에 털이 없고 암술대 끝은 부리가 잘 발달하며 돌기모는 없다. 3 암술머리 윗면 4 꽃가루는 3~4공구형_ 적도면에서 본 3공구형 꽃가루 5 극축에서 본 3공구형 꽃가루 6 꽃가루의 표면 무늬는 가느다란 망상문이며 표면은 울퉁불퉁하다. 7 타원형 종자 8 종자 표면에 불규칙적으로 돌출된 큐티클층이 있다. 9 잎 앞면_ 실무늬 모양의 얇은 큐티클층이 있다. 10 잎 뒷면_ 상대적으로 조밀한 세포로 되어 있다.

좀낚시제비꽃

1 좀낚시제비꽃_ 1 2005년 4월 29일 제주도 2 2011년 4월 13일 제주도
2

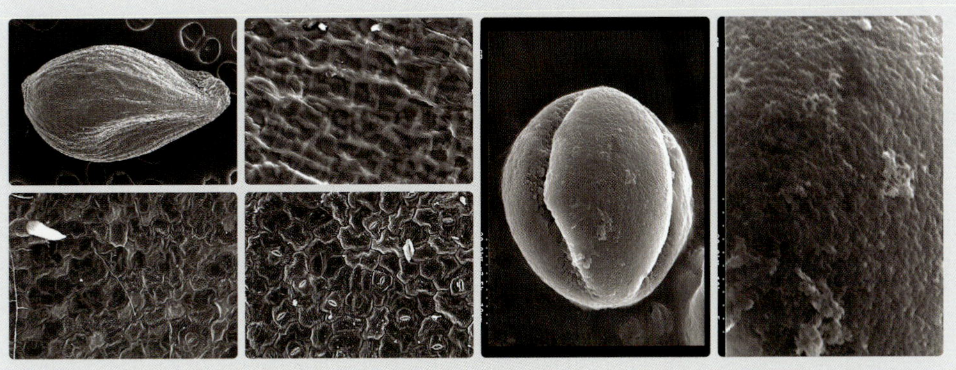

2
1 3 5
4
6 7 8 9
10 11

1 꽃 측면 2 꽃 정면 3 꽃 안쪽과 암술_ 옆 꽃잎에 털이 없다. 4 잎 앞면 5 턱잎_ 가장자리가 빗살처럼 갈라진다. 6 타원형 종자 7 종자 표면에 4각형~5각형의 돌기물이 있다. 8 꽃가루는 3~4공구형_ 적도면에서 본 3공구형 꽃가루 9 꽃가루의 표면 무늬는 가느다란 망상문이며 표면은 울퉁불퉁하다. 10 잎의 맥과 엽저에 약간의 털이 있다. 11 기공은 잎의 뒷면에 많다.

털낚시제비꽃

털낚시제비꽃(2009년 4월 22일_제주도)

털낚시제비꽃 군락(2009년 4월 22일_제주도)

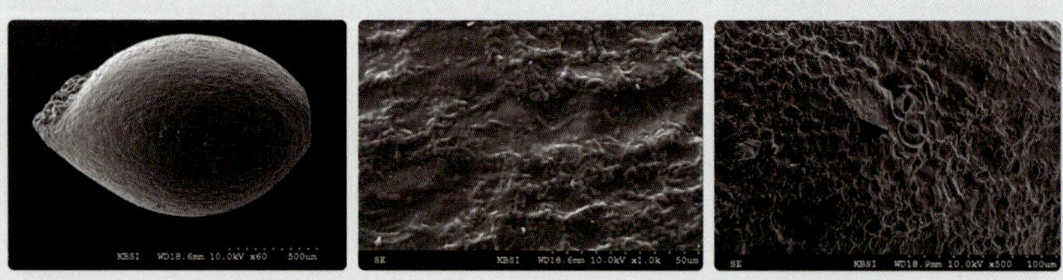

	2	3
1	4	5
	6	7
8	9	10

1 꽃 측면, 꽃받침, 꽃자루에 털이 밀생한다. 2 꽃 정면 3 꽃 안쪽과 암술_ 옆 꽃잎에 털이 없다. 4 경엽의 앞면_ 털이 있다. 5 경엽의 뒷면_ 털이 있다. 6 근엽의 앞면_ 털이 있다. 7 턱잎_ 가장자리가 빗살처럼 갈라진다. 8 타원형 종자 9 종자 표면에는 불규칙한 큐티클층이 분포한다. 10 종자 표면에 기공이 분포한다.

낚시제비꽃, 좀낚시제비꽃, 털낚시제비꽃의 비교

	곁 꽃잎의 털	꽃뿔 · 꽃받침 · 꽃자루의 털	잎의 모양, 털	턱잎의 모양, 털
낚시제비꽃	없음	모두 없음	심장형, 없음	가늘게 갈라짐, 있음
좀낚시제비꽃	없음	모두 없음	삼각상 심장형, 없음	가늘게 갈라짐, 없음
털낚시제비꽃	없음	모두 있음	심장형, 있음	가늘게 갈라짐, 있음

긴잎제비꽃

Viola ovato-oblonga (Miq.) Makino

자신이 하고 싶은 일을 하며 살 수 있다면 사람들은 얼마나 행복할까? 그러나 우리네 인생은 그리 녹록하지만은 않다. 직장에서의 업무가 본인이 원했던 일이 아닌 사람도 있고, 정작 하고 싶은 일을 직장에 매여 있어서 하지 못하는 이들도 많다. 또 어떤 이는 바쁜 일상으로 시간에 쫓겨 하고 싶은 일을 포기하기도 한다.

학문을 하는 사람들도 크게 다르지 않은 것 같다. 제비꽃 연구를 시작했을 때쯤 만났던 공무원 한 분이 그랬다. 처음 제비꽃을 연구하면서 자생지 정보를 얻기 위해 문헌도 많이 찾아보고 전문가들도 열심히 만났다. 그러나 흔하게 볼 수 있는 종류에 관한 정보는 많이 접할 수 있었지만, 제주도나 남쪽 지방에 분포하는 종류는 정보를 얻기가 쉽지 않았다. 우리나라에는 제비꽃 전문가가 많지 않아서 일상적이지 않은 특별한 정보를 얻는 데는 한계가 있었다. 난감해 하고 있던 차에 우연히 제비꽃 종류에 관심이 유난한 전문가를 한 분 우연히 만났다. 농촌진흥청에 근무하는 그분은 대학원을 다닐 때에 제비꽃으로 박사 학위논문을 쓰려고 생각했었다고 한다. 전공과 관련 있는 연구가 가능한 공무원을 선택해 직장 생활을 시작했지만 자기가 원하는 분류군에 대한 연구를 수행할 수는 없었다. 하는 수 없이 학위논문도 연구소에서 진행한 다른 분류군으로 바꿀 수밖에 없었다고 한다. 자연히 제비꽃에 대한 연구는 뒤로 미뤄 두게 되었단다.

공통의 관심사가 있으니 처음 만났는데도 할 얘기가 많았다. 제비꽃에 관심을 갖게 되었던 계기부터 실제로 연구할 수는 없지만 최근에도 일부러 제비꽃을 보러 다닌다는 이야기까지 끝이 없었다. 본인도 미련이 남는다고 말하기도 했지만 많이 아쉬워하는 것을 느낄 수 있었다. 일단 우리나라 제비꽃에 대한 연구를 시작했으니 대리만족이라도 할 수 있게 자기 몫까지 최선을 다해 달라는 부탁을 빼놓지 않았다. 고맙게도 그날 그분은 그동안 모아 두었던 귀한 표본과 생체 재료 들을 아낌없이 내주었다. 그중에는 북한 표본과 중국을 통해 입수한 백두산 근처의 희귀 표본도 포함되어 있었다. 또 그동안 채집 활동을 다니며 확인한 자생지 정보도 거리낌 없이 넘겨 주었다. 한꺼번에 여러 가지 자료를 얻고 뜻이 통하는 동지까지 만난 때문인지 그날은 마치 제비꽃에 대한 모든 것을 알아낸 듯 기분이 좋았다. 이 자리를 빌려 다시 한 번 그분께 감사의 마음을 전한다. 그 분의 자료는 필자가 본격적으로 제비꽃 연구를 시작하는 데 중요한 정보가 되어 주었다.

며칠 후 가슴 벅찬 기대를 안고 제주도행 비행기에 올랐다. 제주도는 남쪽에서 자라는 제비꽃 중 10여 분류군을 만날 수 있는 곳이다. 그중 첫 번째 목표는

긴잎제비꽃(2005년 4월 29일_제주도)

긴잎제비꽃이었다. 그때까지는 한 번도 본 적이 없는 식물이라 확신할 수는 없지만 중요한 자생지 정보를 갖고 있어서 만날 가능성이 높아 기대가 컸다. 제주에서 서귀포로 가는 11번 국도를 달려 교래리로 가는 1112번 지방도로 접어 들었다. 그곳 도로변에는 삼나무가 위엄을 뽐내며 가로수 역할을 하고 있어서 주변이 어두컴컴했다. 그분이 알려준 약도대로 차를 세웠는데 '과연 이런 곳에 제비꽃 종류가 살 수 있을까' 의심이 들 정도로 환경 조건은 좋지 않았다. 예감대로 서너 시간을 찾아 헤매도 제대로 된 제비꽃 하나를 찾지 못했다. 해는 지고 어두워지기 시작할 때쯤 길게 자란 잎이 줄기에 불규칙하게 달려 있는 개체를 도로변에서 발견했다. 도감과 들었던 이야기들을 종합해 보니 긴잎제비꽃이 맞았다. 길게 자란 잎이 뿌리에서 올라온 심장형의 잎근엽과 혼동되어 찾기가 어려웠던 것이다. 만약 자생지 정보가 없었더라면 그냥 지나쳤을지도 모를 일이다. 이렇게 남쪽에 자생하는 분류군들의 수집은 어렵게 시작되었다.

긴잎제비꽃의 종소명 '*ovato-oblonga*'는 계란 모양의 긴 타원형이란 뜻으로 잎의 모양을 표현한 것이며, 우리 이름도 여기에서 유래된 것 같다. '제주오랑캐'라고도 부른다. 일본과 한국에 분포하며, 우리나라에는 제주도, 전라남도, 전라북도, 경상남도 지역에서 자란다.

형태적 특징

줄기와 뿌리

줄기는 곧추서거나 비스듬히 서고, 꽃이 필 때쯤 높이는 10~30cm로 크고 털은 없으며 가지를 친다.

1–2 경엽 앞면_ 잎맥이 자색을 띤다. 3 경엽 뒷면_ 전체가 자색을 띤다. 4 근엽 앞면_ 잎 모양이 심장형으로 삼각상 계란 모양인 경엽과 다르다. 5 근엽 뒷면 6 턱잎_ 피침형이며 가장자리가 가늘게 갈라진다.

잎

뿌리에서 나는 잎과 줄기에서 나는 잎의 형태가 다른 대표 종이다. 뿌리에서 나는 잎은 심장형 또는 계란 모양의 심장형이며 길이는 2~5cm, 폭은 2~4cm이고 잎끝은 예두, 밑부분은 심장저이다. 잎은 녹색이지만 개체에 따라서는 중앙맥주맥이 자색을 띠거나 혹은 뒷면 전체가 자색을 띠는 개체도 있다. 이런 색깔은 개방화가 필 때까지는 남아 있으나 폐쇄화기가 되면서 점차 흐려진다. 줄기에 달리는 잎은 삼각상 계란 모양이며 뒷면은 자색을 띠고, 길이는 3~7cm, 폭은 1~2.5cm이다. 잎끝은 예두, 밑부분은 심장 모양 또는 편평하며, 잎 가장자리에는

1 꽃 측면 2-3 꽃 안쪽_ 옆 꽃잎에 대부분 털이 없는데(위) 드물게 몇 개씩 관찰되는 개체도 있다(아래).

얕은 둔거치가 있고 잎자루는 잎보다 1.5~4배 길다. 초기에는 뒷면의 색이 자색이지만 차츰 없어져 녹색이 된다. 턱잎은 좁은 피침형으로 가장자리는 빗살 모양우상으로 깊게 갈라진다.

꽃

꽃은 좌우 대칭이며 지름이 1.5~2.5cm이고 4~5월에 연한 자색으로 핀다. 꽃자루는 길이 3~5cm로 중간 윗부분에 소포가 있다. 꽃받침조각은 피침형이고 끝은 점첨두이다. 꽃잎은 길이가 12~15mm이고 안쪽은 흰색이며, 보통 옆 꽃잎과 아래 꽃잎에 자색 줄무늬가 있는데 위 꽃잎에도 흐리게 나타나는 것이 있다. 옆 꽃잎에는 털이 없으나 드물게 매우 적은 수의 털이 있는 개체가 확인되기도 한다. 꽃뿔은 길이가 7~8mm이고 원통 모양이다. 수술은 5개이고 씨방에는 털이 없다. 암술대는 원통 모양이며 부리가 있고 암술머리 뒤쪽에 돌기모는 없다.

열매와 종자

열매는 긴 타원형이다. 종자는 타원형이고 갈색 또는 진한 갈색을 띠며 길이는 2~2.2mm이다.

생육 습성

여러해살이풀로, 그늘진 산지 경사면, 계곡에 인접한 곳, 등산로 주변 등에서 관찰된다.

비슷한 종류

뿌리에서 나는 근엽만을 비교한다면 큰졸방제비꽃(*V. kusanoana* Makino)이나 낚시제비꽃(*V. grypoceras* A. Gray)과 유사하나 경엽은 긴잎제비꽃이 삼각상 계란형으로 길게 신장되어 있어 차이를 보인다. 긴잎제비꽃과는 달리 원줄기, 꽃자루, 잎자루, 잎 표면에 돌기 같은 짧은 털이 있는 것은 털긴잎제비꽃(*V. ovato-oblonga* for. *pubescens* Maekawa)이라 한다.

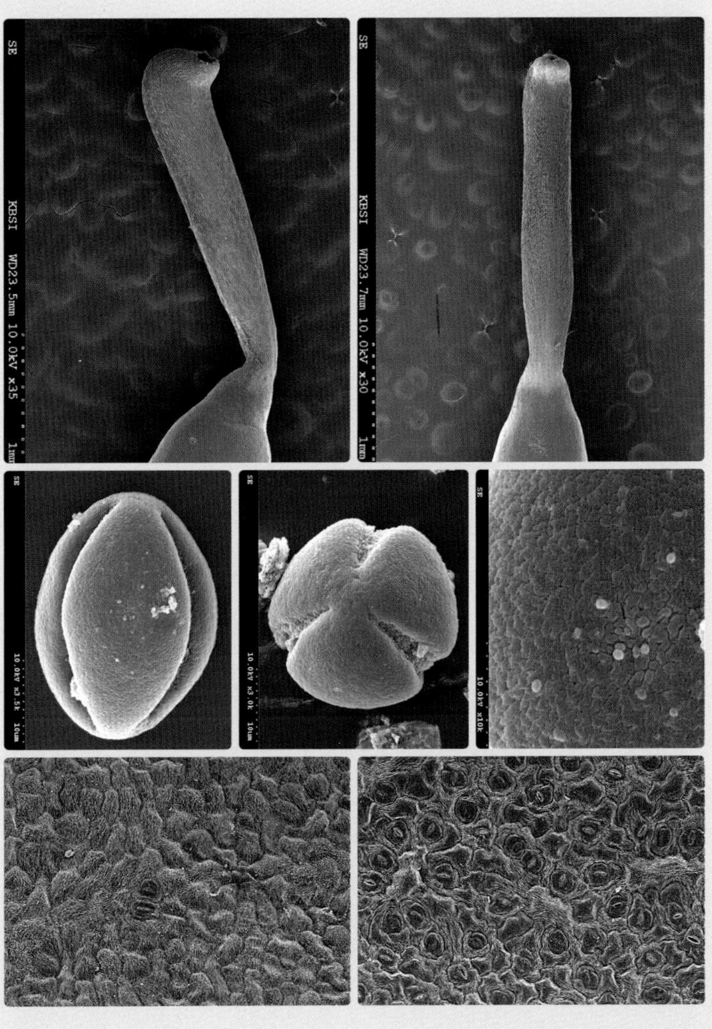

1	2	
3	4	5
6	7	

1 암술 측면 2 암술 정면_ 끝 부분에 부리가 발달한다. 3 적도면에서 본 3공구형 꽃가루 4 극축에서 본 3공구형 꽃가루 5 꽃가루 표면 무늬는 미세 망상형이며 표면은 과립 모양으로 울퉁불퉁하다. 6 잎 앞면에는 털이 없다. 7 잎 뒷면에는 기공이 많고 실 같은 형태의 큐티클층이 침적되어 있다.

넓은잎제비꽃

Viola mirabilis L.

요즘 웬만한 산은 등산로가 잘 정비되어 따라가기만 하면 되지만, 불과 10여 년 전만 해도 산을 오르기 전에 미리 지도를 펴놓고 어떤 경로를 따라 이동할 것이며 거리가 얼마나 될지를 따져 그날의 산행 일정을 잡았다. 운전할 때도 마찬가지여서 지도를 보며 목적지를 찾아가야 했는데, 운전하는 사람은 지도를 볼 수 없으니 조수석에 앉은 사람이 지도를 보며 길을 안내해 주었다. 혼자일 경우에는 차를 세워 놓고 방향을 잡거나 지도를 보고 확인해야 했다. 요즘은 어떠한가? 내비게이터라는 물건이 친절하게 전국 방방곡곡을 안내해 주니 주소나 전화번호만 있으면 못 찾아가는 곳이 없을 정도가 되었다. 우리나라가 IT 강국이란 말은 자주 들었지만 이렇게 급속도로 발전할 줄은 상상도 못했다. 우리나라 운전자의 50퍼센트 정도가 이 기계를 이용한다는데 이는 미국의 10~20퍼센트보다도 훨씬 높은 비율이다.

그런데 네비게이터도 찾지 못하는 곳이 있다. 바로 생물이 살고 있는 정확한 위치이다. 요즘은 생물의 위치 정보를 위성항법장치GPS를 이용해 기록하므로 이것만 있으면 누구나 그 위치를 찾을 수 있다. 하지만 사용하는 기계의 운영 체계가 무엇이며 얼마나 자주 자료를 보정해 주느냐에 따라 정확도에 차이가 난다. 좌표상의 위도와 경도가 1분 아니 1초만 차이가 나도 실제 그 면적은 아주 넓기 때문이다. 예를 들어 어떤 식물이 태백산 정상 천제단 근처에 자생한다는 정보와 그 좌표를 가지고 찾아갔는데, 실제로는 문수봉 근처에서 찾았다. 약 2킬로미터 정도의 오차가 생긴 셈이다. 보통 생물 분야에서 야외조사를 하는 팀이라면 적어도 연구실에 1개 이상의 GPS를 가지고 있는데, 아직 조사 자료를 공유하지 못하는 것을 보면 이러한 문제가 이유일 것 같다. 그래서인지 오히려 지도가 편하다고 하는 사람도 있다.

언젠가 북한 지역에서만 분포하는 것으로 알려진 넓은잎제비꽃이란 종이 남쪽에도 자생한다는 소식을 접했다. 문헌으로만 보았던 종이라 반신반의했지만 사진과 정보를 제공한 사람이 믿을 만했기에 직접 눈으로 확인해 봐야겠다고 마음먹었다. 서둘러 그곳에 대한 설명을 요청했고 그 분은 이메일로 약도와 찾아가는 길을 상세하게 알려 주었다. GPS 좌표 정보가 있으면 좀 더 쉽게 찾을 수 있을 것 같았는데 아쉽게도 없었다. 다음날 서둘러 그분이 알려준 대로 영월 근처의 한적한 마을 뒷산을 찾아 영월로 향했다. 마을까지는 쉽게 찾아갔으나 그 다음부터가 문제였다. 작은 언덕을 넘어 우마차 길을 지나서 밭둑을 따라 가다 묏등을 지나 등산로 주변……. 입지 조건은 비슷했지만 아무리 찾아도 넓은잎제비꽃은 보이지 않았다. 정확한 위치 정보에 대한 아쉬움이 컸던 날이었다. 다음

넓은잎제비꽃(2011년 5월 1일_강원도)

해도 비슷한 시기에 다시 그곳을 찾았지만 결과는 같았다. 결국 정확한 위치를 아는 지인과 함께 다시 가서야 만날 수 있었다. 내가 2년을 헤맨 장소에서 직선 거리로 불과 100여 미터도 안 되는 위치여서 허탈한 기분이 들 정도였다. 그래도 노력한 보람으로 넓은잎제비꽃을 확인할 수 있었다. 지난 시간을 되돌아보면 이런 과정을 통해 어렵게 찾아낸 식물이 한두 종이 아니다. 필자 눈에 식물 종 하나하나 소중하지 않은 것이 없는 이유가 바로 이 때문이다.

넓은잎제비꽃의 종소명 *'mirabilis'* 는 이상하게 생긴 또는 놀랍다는 의미로 잎과 꽃이 다른 종류에 비해 크다는 뜻인 것 같다. 우리 이름도 넓은 원형의 잎을 보고 붙인 것이 아닌가 싶다. '넓은잎오랑캐', '넓은제비꽃', '참넓은제비꽃' 이라고도 부른다. 러시아(시베리아), 일본, 중국(만주), 유럽, 중앙아시아, 코카서스, 한국 등에 분포하며, 우리나라에는 강원도 이북의 산지 숲 가장자리에서 자란다.

형태적 특징

줄기와 뿌리

줄기의 높이는 꽃이 피는 시기에 5~12cm 정도이나 폐쇄화기가 되면서 약 30cm 이상 자라기도 한다.

잎

뿌리에서 올라온 잎은 원 모양의 심장형이고 길이는 1.5~3cm, 폭이 2~4cm 정도이다. 잎 앞면에는 털이 거의 없지만 뒷면에는 연모가 있다. 잎끝은 둔두, 밑부분은 심장 모양이고 가장자리에는 약한 둔거치가 있으며 잎자루는 5~15cm

1	2
3	4
5 6 7	

1 꽃 안쪽_ 옆 꽃잎에 털이 있다. 2 꽃 측면 3–4 완전한 폐쇄화기가 되기 전까지 잎이 말려 있다가(왼쪽) 시간이 지남에 따라 펴져서 원형이 된다(오른쪽). 5 잎 뒷면_ 털이 있다. 6 턱잎_ 넓은 피침형으로 가장자리에 잔 톱니가 있다. 7 열매

이다. 줄기에 달리는 잎은 원 모양의 심장형이고 길이와 폭은 각각 4cm이다. 줄기 위쪽에 달리는 2장의 잎은 잎자루가 1cm 이하이다. 개방화기에는 잎이 완전히 펴지지 않는 개체가 많으며 폐쇄화기가 될수록 완전히 펴진다. 턱잎은 넓은 피침형이며 가장자리는 잔 톱니가 있으나 갈라지지는 않고 길이는 5~8mm이다.

꽃

꽃은 좌우 대칭이고 지름이 1.5~2cm이며 4~5월에 담홍자색으로 핀다. 꽃자루는 길이가 5~12cm이고 중간 부분에 작은 잎 모양의 소포가 있다. 폐쇄화기에는 개방화기보다 상대적으로 짧은 꽃자루를 갖는다. 꽃받침은 좁은 계란 모양이고 폭은 5mm 정도이며, 뒤쪽은 약간 갈라지거나 갈라지지 않는다. 꽃잎은 옆 꽃잎과 아래 꽃잎에 자색 줄무늬가 있으며, 위 꽃잎에도 매우 옅은 무늬가 있다. 길이는 12~15mm이고 2장의 옆 꽃잎 안쪽에 털이 있으며, 꽃뿔은 두껍고 길이는 5~7mm이다. 수술은 5개이고, 씨방에는 털이 없다. 암술대는 원통형이며 윗부분은 짧은 부리 모양이고 암술머리에 돌기모는 없다.

열매와 종자

열매의 길이는 8~10mm 정도이며 원형이다. 종자는 아이보리색 또는 연한 갈색이고 길이는 2~2.5mm이다.

생육 습성

여러해살이풀로, 상층에 수목이 거의 없이 개방된 곳에 주로 자란다.

비슷한 종류

잎의 맥에 털이 있고 꽃뿔의 길이가 넓은잎제비꽃에 비해 1/2 정도로 작은 종류를 넓은제비꽃(*V. mirabilis* var. *brevicalcarata* Nakai)이라 하며 함경북도 갑산에 자란다.

1 2 3 1 타원형 종자 2 종자 표면은 울퉁불퉁하게 불규칙적인 큐티클층이 침적되어 있다. 3 종자 표면에 기공이 있다.

큰졸방제비꽃, 낚시제비꽃, 넓은잎제비꽃의 비교

	옆 꽃잎의 털	꽃뿔 · 꽃받침 · 꽃자루의 털	잎의 모양	턱잎
큰졸방제비꽃	 없음	 모두 없음	 원상 심장형	 가늘게 갈라짐
낚시제비꽃	 없음	 모두 없음	 심장형	 가늘게 갈라짐
넓은잎제비꽃	 있음	 모두 없음	 원상 심장형	 갈라지지 않음

둥근털제비꽃

Viola collina Besser

무더위와 화려한 꽃이 절정을 이루는 여름이 지나가면 결실의 계절 가을이 온다. 사람이든 자연이든 한 해를 정리해야 하는 시간이다. 식물도 씨를 맺고 동물의 겨울잠에 해당하는 휴면기休眠期에 들어간다. 나 어렸을 적엔 이 무렵이면 시골집 툇마루에서는 가지 잘린 상추 대와 옥수수, 수수 등의 열매를 말리곤 했었다. 다음해 농사를 위한 귀중한 씨앗을 준비하는 것이다. 지금이야 씨를 판매하는 종묘사에 가면 다양한 품종의 씨앗을 구입할 수 있지만, 불과 20여 년 전만 해도 직접 채종해서 이듬해 농사지을 씨앗을 조달해야 했다. 한 해 동안 애지중지하던 작물 수확이 끝나고 나면 논과 밭은 텅 비어 썰렁하기가 이루 말할 수 없다. 남아 있는 것이라곤 줄기가 잘려 나간 그루터기와 누렇게 변한 잡초뿐. 밭에서 눈을 돌려 주변을 살펴보아도 썰렁하기는 마찬가지다. 줄기가 폭삭 썩어 버린 개체가 있는가 하면 식물체 전체가 말라 여리고 가는 가을 바람에도 줄기를 주체하지 못하는 종류도 있다. 불이 나거나 사람이 뽑지 않는 한 그 모습으로 겨울을 난다. 다음해 봄이 되어서야 땅속에서 밀고 올라오는 힘센 새싹들에게 밀려 생을 마감하게 된다. 자연에서는 늘 일어나고 매년 반복되는 일이다. 그저 신기할 뿐이다. 새삼스레 누가 일깨워 주지 않아도 시간의 흐름 속에 저절로 벌어지는 일이니 말이다.

제비꽃 종류도 대부분 둘째가라면 서러워할 정도로 이른 봄에 꽃이 피는 이른바 조춘早春 식물의 특징을 가지고 있다. 그중에서도 더 이른 시기에 수줍게 올라오는 종류가 있는데 바로 둥근털제비꽃이다. 이 꽃이 핀 것을 봤다면 '이젠 진정한 봄이구나' 라고 생각해도 될 것 같다. 비록 그늘이나 북쪽의 경사면으로는 눈이 쌓여 있고 산골짜기 계곡 주변에는 미처 봄 햇살이 닿지 않아 칼날 같은 얼음 조각이 뒹굴어도 둥근털제비꽃이 연한 자색 꽃을 피웠다면 그리 추운 날씨가 아니기 때문이다. 둥근털제비꽃은 풀숲을 헤쳐야 볼 수 있도록 잘 숨어 있다. 마치 뾰족하게 올라오는 잎이며 탐스러운 꽃이 옛날 신랑의 얼굴을 처음 보는 초례청에 선 수줍은 새색시 같다. 자생지에서 이 식물을 찾아보려면 적당한 입지를 골라 주변에 이미 말라 버린 둥근털제비꽃의 잎을 들춰내야 한다. 그 속을 한참 뒤져야 비로소 제 모습을 보여 준다. 특별히 눈에 띄게 아름다운 꽃이 피는 것은 아니고, 작지만 온통 털로 뒤덮인 모습이 보기 좋을 뿐이다. 이 모습은 시간이 흐를수록 점점 제비꽃다운 모양을 갖추게 되는데, 중부 지방에서는 4월 중순쯤이면 잔털제비꽃이나 털제비꽃과 구분하기 어려울 정도로 자란다. 때문에 동정된 표본을 보면 잘못된 것이 많다. 이 세 종류의 제비꽃은 꽃이나 열매가 있으면 의외로 동정하기 쉽지만 없을 때에는 털의 분포 위치가 중요한 형질이 된다.

둥근털제비꽃(2005년 4월 14일_명지산)

둥근털제비꽃의 종소명 '*collina*'는 구릉지丘陵地에서 자생한다는 뜻으로, 자생지 환경의 특성을 나타내고 있다. 우리 이름은 잎이 둥근 털제비꽃이란 의미로 붙여진 것 같다. '둥근털오랑캐' 또는 '둥글제비꽃'이라고도 한다. 러시아(사할린, 시베리아, 아무르, 우수리), 일본, 중국(만주), 유럽, 한국에 분포하며, 우리나라에는 전국의 숲 속 건조한 곳에서 볼 수 있다.

뿌리줄기

형태적 특징

줄기와 뿌리

국내에 분포하는 제비꽃 종류 중 뿌리줄기가 가장 길게 발달하며, 높이는 꽃이 필 때 3~5cm 정도이다. 뿌리는 흰색이며 뿌리줄기 마디에서 나오기도 한다.

잎

개방화기의 잎은 1~3cm 정도이며 개방화가 지기 전까지 완전히 펴지지 않는다. 잎몸엽신과 잎자루에 긴 연모軟毛가 밀생한다. 잎끝은 둔한 아예두, 밑부분은 이저이며, 가장자리에는 약한 둔거치가 있다. 잎자루는 3~10cm이지만, 꽃이 필 때쯤이면 20cm에 달한다. 턱잎은 피침형이고 잎자루와 합생하며 털이 있다.

1 2
3 4
1 봄에 잎은 말려 있는 형태로 올라온다. 2 폐쇄화기의 잎 3 폐쇄화기의 잎 앞면 4 폐쇄화기의 잎 뒷면

꽃

꽃은 좌우 대칭이고 지름이 1~1.5cm이며 3~4월에 연한 자색으로 핀다. 아래 꽃잎에 자색 무늬가 있으며, 옆 꽃잎에도 흐리게 무늬가 있다. 꽃자루는 길이 4~6cm로 중간 부분에 작은 잎 모양의 소포가 있다. 꽃받침은 긴 타원형이며 길이는 4~6cm이다. 꽃받침에는 털이 있으며 끝은 둔두이고 뒤쪽이 갈라지지 않는다. 꽃잎은 길이 10~12mm이고 옆 꽃잎에 털이 있으며, 꽃뿔은 길이 3~4mm

이다. 수술은 5개이고, 씨방에는 연모가 밀생하는데 드물게 없는 개체도 있다. 암술대는 원통형이며 부리가 길게 늘어진 형태로 갈고리 모양이다.

열매와 종자

열매의 길이는 6~9mm이고 원형 또는 타원형이며 표면에는 갈색 점이 있거나 없고 흰색 털이 밀생한다. 종자는 흰색 또는 아이보리색이고 길이는 2~2.5mm이다. 둥근털제비꽃은 다른 종류와 마찬가지로 꽃자루를 곧추세우고 삭과가 수축하는 힘에 의해 종자가 튀어 나가는 것이 아니라 지면에 거의 닿은 삭과가 벌어지면서 밑으로 종자가 쏟아져 번식하게 되어 집중적인 군락을 이룬다. 또 종침은 다른 종류들과 다르게 막질로 길게 늘어나 있다.

생육 습성

여러해살이풀로, 길 주변, 등산로, 숲 속 등 다양

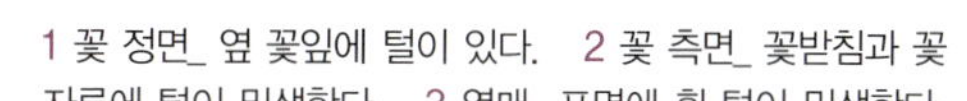

1
2
3

1 꽃 정면_ 옆 꽃잎에 털이 있다. 2 꽃 측면_ 꽃받침과 꽃자루에 털이 밀생한다. 3 열매_ 표면에 흰 털이 밀생한다.

한 곳에서 자란다. 계곡부와 같이 습기가 많은 곳보다는 개활지처럼 해가 잘 드는 트인 공간을 좋아한다.

비슷한 종류

잎의 모양이 비슷한 종류로는 아욱제비꽃(*V. hondoensis* W. Becker & H. Boissieu)과 잔털제비꽃(*V. keiskei* Miq.)이 있는데, 아욱제비꽃은 기는줄기가 발달하는 특징으로, 잔털제비꽃은 열매에 털이 없는 차이로 각각 구별한다.

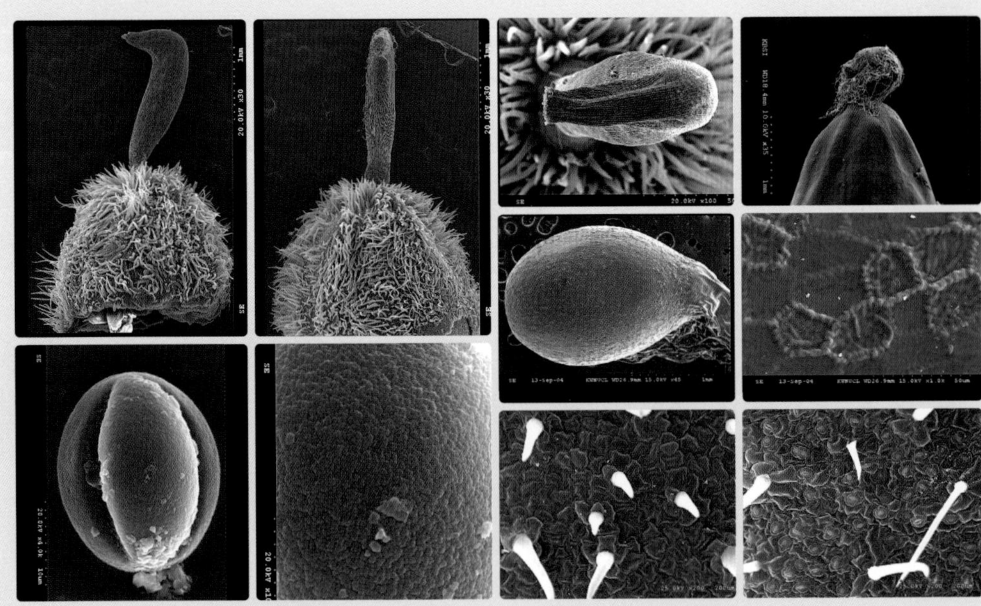

1	2	3	4
		5	6
7	8	9	10

1 암술 측면_ 씨방에 털이 있고 암술대 끝은 갈고리 모양으로 굽는다. 2 암술 정면 3 암술머리 윗면 4 씨방에 털이 없는 개체의 폐쇄화기 암술 5 종자는 타원형이고, 국내에 분포하는 제비꽃 종류 중 종침이 가장 길다. 6 종자 표면에는 약하거나 뚜렷한 돌기 형태를 보이는 큐티클층이 관찰된다. 7 꽃가루는 3~4공구형_ 적도면에서 본 3공구형 꽃가루 8 꽃가루 표면 무늬는 가느다란 망상문 형태이고 표면은 울퉁불퉁하다. 9 잎 앞면에 털이 많다. 10 잎 뒷면에도 털이 많으며, 기공은 주로 뒷면에 분포한다.

■■■ 둥근털제비꽃과 아욱제비꽃의 비교

	기는줄기	옆 꽃잎의 털	씨방의 털	열매 표면의 털
둥근털제비꽃	 없음	 있음	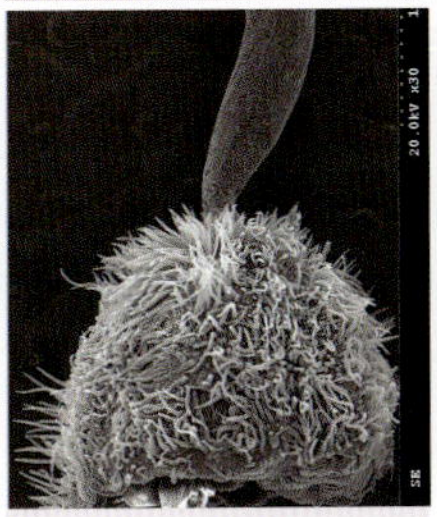 있음	 있음
아욱제비꽃	 있음	 약간 있는 개체도 있으나 보통은 없음	 있음	 있음

고깔제비꽃

Viola rossii Hemsl.

새싹이 올라오는 모습을 보면 식물마다 독특하고 다양한 특징이 있다. 며칠을 기다려도 크는지 마는지 헛갈릴 만큼 성장이 느린 것이 있는가 하면 마치 영양제라고 맞은 듯 하루가 다르게 부쩍부쩍 자라며 매일 새로운 모습을 보여 주는 종류도 있다. 식물분류학에서는 식물을 흔히 양치식물, 겉씨식물나자식물, 속씨식물피자식물 등으로 나눈다. 이러한 구분에는 열매를 맺는지의 여부와 암술의 구조와 형태, 그리고 꽃가루받이受粉 체계가 매우 중요한 형질로 이용된다. 예를 들면 고사리나 고비는 양치식물에 포함되고, 바늘잎침엽을 갖는 소나무, 주목, 전나무 같은 종류는 겉씨식물에, 그리고 잎이 넙적한 형태를 갖는 식물은 대부분 속씨식물에 해당한다. 가장 많은 식물이 포함되어 있는 속씨식물은 다시 종자가 발아해서 나오는 떡잎의 개수에 따라 외떡잎식물과 쌍떡잎식물로 나눈다. 두 종류는 꽃 부분을 구성하는 기관의 수, 뿌리의 형태, 그리고 잎에서는 떡잎과 잎의 중앙 맥에 해당하는 주맥이 있는지가 중요한 특징이 된다. 보통 주맥이 없는 외떡잎식물들은 뿌리나 종자에서 처음 발아되어 나오는 잎의 모양이 막대기를 꽂아 놓은 것처럼 뾰족하게 올라온다. 사람의 주먹 쥔 손이 펴지거나 꽃이 막 피었을 때처럼 활짝 열리는 쌍떡잎식물과 다른 점으로, 마치 종이를 돌돌 말아 놓은 듯한 모습인데 시간이 지나면 이 부분이 풀어지면서 제대로 된 잎의 모습을 드러내게 된다. 따라서 새싹이 올라오는 모습만으로도 외떡잎식물과 쌍떡잎식물을 구별할 수 있다. 이렇게 크게 나눠진 식물의 종류들은 앞에서 설명한 특징들 외에도 몇 가지 세부적인 형질들로 또 각각 나눠진다.

제비꽃과科는 쌍떡잎식물임에도 잎이 나오는 모습은 외떡잎식물을 닮은 종류가 있다. 꽃이 피지 않은 상태에서 잎이 나오는 것만 본 사람은 외떡잎식물로 생각할 정도이다. 물론 완전히 자라고 난 후에는 심장 모양의 예쁜 잎이 만들어진다. 바로 고깔제비꽃이 이렇다. 봄에 그 모습을 보면 숲 가장자리의 양지쪽에 돌돌 말린 잎과 더불어 분홍색 꽃이 핀다. 마치 녹색 색종이를 연필에 감아 놓은 것처럼 보이기도 하고, 어른벌레가 알을 낳기 위해 잎을 말아 놓은 것 같기도 하다. 만약 전체가 동그랗다면 여지없이 외떡잎식물이겠지만 조금씩 자라면서 제 본모습을 드러낸다. 누가 시키지도 않았는데 말린 잎의 아래쪽 부분부터 부채가 펴지듯 잎을 펼치는 모습은 그저 신기할 뿐이다. 잎이 다 자라고 나면 분홍색 꽃이 피는데 예쁜 모습을 뽐내는 그 기간은 그리 길지 않다. 가을이 되면 봄에 비해 곱지는 않지만 짙은 녹색으로 자란 잎은 가냘픈 시기를 벗어나 튼튼하고 성숙한 단계로 접어든다. 조금 더 지나면 잎에 노란색 반점이 생기고 가을빛과 함께 한 해를 마감하게 된다. 가을에 반점이 생기기 전에는 금강제비꽃으로 잘못

고깔제비꽃(2006년 4월 27일_치악산)

동정하는 사람이 많다. 채집해 말린 표본을 보면 구분이 쉽지 않을 정도로 비슷해 신경 써서 관찰해야 한다.

고깔제비꽃의 종소명 '*rossii*'는 식물채집가 'Ross'의 이름에서 기원되었으며, 우리 이름은 잎이 올라오는 모습을 표현한 것이다. 전체를 종기에 발라 치료하는 민간요법이 전하며, '고깔오랑캐'라고도 부른다. 러시아(우수리), 일본, 만주를 포함한 중국, 한국에 분포하며, 우리나라에는 전국 산지의 숲 속에서 자란다.

형태적 특징

줄기와 뿌리

지상부에 뚜렷한 줄기는 없다. 뿌리줄기는 짧고 두꺼우며 마디가 많고 마디에서 흰색 뿌리가 나온다.

잎

잎은 계란 모양의 심장형이고 양면에 털이 있으며 길이는 4~7cm, 폭은 4~8cm이다. 잎끝은 점첨두이고 밑부분은 깊은 심장저이며, 가장자리에는 얕은 거치가 있다. 잎자루는 10~25cm이다. 이른 봄 잎의 아랫부분은 말려 있으나 점차 펴져 전형적인 심장 모양이 되며, 어린잎유생엽에는 털이 있지만 점차 줄어든다. 개방화가 피어 있는 동안에는 잎이 완전히 펴지지 않는데 개방화가 시들기 시작하면서 활짝 펴진다. 턱잎은 잎자루와 유합되어 발달하지 않고 피침형으로 막질이며, 길이는 7~10mm이고 연한 녹색이다.

1 2 3 4 5 1 어린 잎_ 고깔처럼 말려 올라온다. 2 폐쇄화기의 잎 모양 3 뿌리줄기가 잘 발달하며 갈라지면 2개 이상의 개체를 만들기도 한다. 4 꽃 측면 5 꽃 안쪽_ 옆 꽃잎 안쪽에 털이 있다.

꽃

꽃은 좌우 대칭이며 지름이 2~2.5cm이고 3~4월에 홍자색으로 핀다. 꽃자루는 길이 10~15cm로 중간에 소포가 있다. 꽃자루의 윗부분과 뿌리 근처에는 털이 다소 있는 것도 있다. 꽃받침은 긴 타원형이고 뒤쪽은 갈라지지 않거나 얕게 갈라진다. 길이는 7~8mm이며 끝은 둔두이고 털은 없다. 꽃잎은 길이 15~20mm이고, 옆 꽃잎과 아래 꽃잎에 자색 줄무늬가 있으며 위 꽃잎에도 흐리게 있는 경우가 있다. 옆 꽃잎에는 털이 있으나 안쪽에 위치해 보이지 않는 경우가 있어 자세히 관찰해야 한다. 꽃뿔은 두껍고 주머니 모양이며 길이는 3~4mm로 짧다. 수술은 5개이고, 씨방에는 털이 없다. 암술대는 원통형인데 역시 털이 없으며, 윗부분은 연부가 발달한다. 개방화는 잎이 성숙하기 전에 피었다가 시들어 버리

고, 이후에 폐쇄화를 발달시키는데 폐쇄화의 꽃자루는 상대적으로 짧다.

열매와 종자

열매의 길이는 10~15mm 정도이고 표면에는 자색 반점이 있으며, 모양은 타원형이고 털은 없다. 종자는 갈색 또는 짙은 갈색이며 길이는 2.5~3.1mm이다.

생육 습성

여러해살이풀로, 산지 경사면, 등산로 주변, 숲 속 등 해가 잘 드는 곳에서 그늘진 곳까지 넓게 자란다.

비슷한 종류

금강제비꽃(*V. diamantiaca* Nakai) 또는 애기금강제비꽃(*V. yazawana* Nakai)과 혼동하는 경우가 있으나, 두 종류는 꽃이 흰색이며 금강제비꽃 잎끝은 급하게 뾰족해지고 애기금강제비꽃은 잎이 계란처럼 생긴 삼각상 심장형이라 차이가 난다.

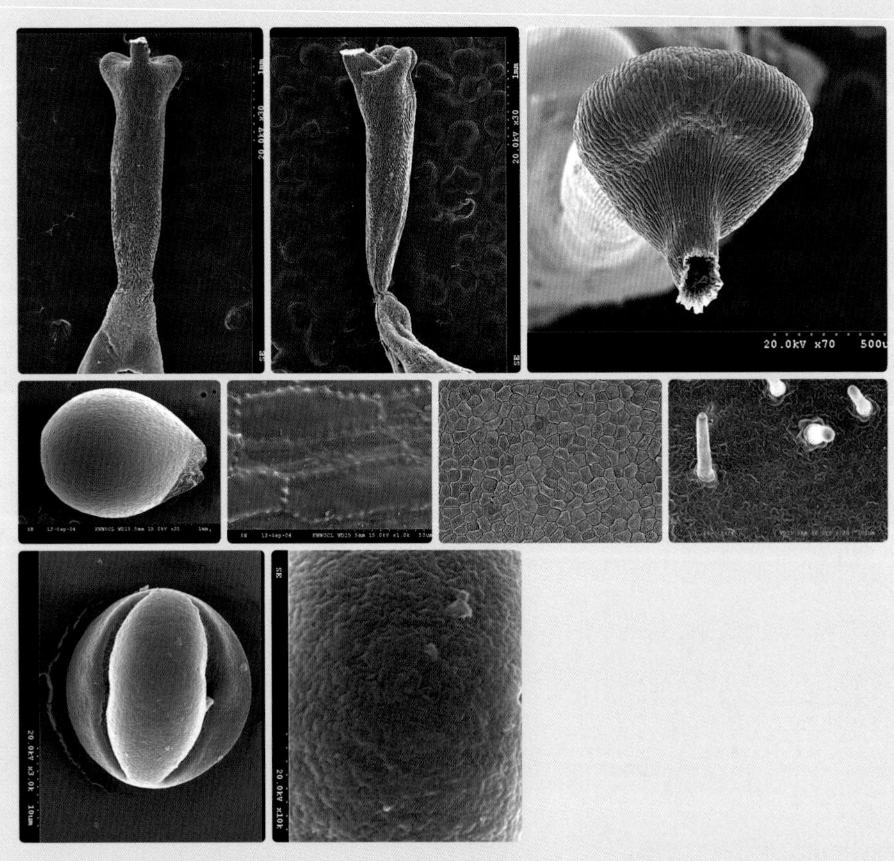

1 2 3
4 5 6 7
8 9

1 암술 정면_ 전체에 털이 없고 끝 부분에 연부가 발달한다. 2 암술 측면 3 암술머리 윗면 4 타원형 종자 5 종자 표면을 따라 돌기 모양의 큐티클층이 있다. 6 잎 앞면_ 털이 거의 없다. 7 잎 뒷면_ 짧은 털이 분포한다. 8 적도면에서 본 3공구형 꽃가루 9 꽃가루 표면 무늬는 세망상형이며 표면은 매끄럽지 못하다.

금강제비꽃

Viola diamantiaca Nakai

인터넷과 방송 등에 쉽고 빠르게 접근할 수 있는 요즘 시대에는 부지런하기만 하면 얼마든지 많은 정보를 얻을 수 있다. 이미 오래전부터 인터넷과 전자사전이 종이 사전을 대신하고 있고, 사진기도 필름 카메라는 물론이고 프린트 카메라마저 골동품처럼 한구석에 처박히는 신세가 되었다. 필름 한 장이라도 아끼려고 엎드렸다 쪼그려 앉기를 수십 번 반복하며 정성을 다했던 때도 있었는데. 디지털 카메라가 보편화된 지금은 셔터를 수없이 반복해 눌러 찍어 그중 한 장만 건져도 성공이다. 오히려 사진 정리가 더 어렵고 번거로워, 자료를 쌓아 놓지 않으려면 부지런해질 수밖에 없다. 자료를 귀하게 여기지 않게 된 계기라면 계기일 수 있다.

불과 20~30년 전만 해도 논문을 하나 쓰려면 필요한 참고문헌을 확보하는 일이 제일 어려웠다. 외국에서 문헌을 구하기 위해 연락할 때는 항공 우편료를 조금이라도 아끼려고 달랑 우편엽서 한 장에 문헌 목록을 타자기로 빼곡이 쳐서 보내곤 했다. 엽서를 보내고 우체국을 나설 때면 엽서에 적힌 문헌만 받으면 논문이 바로 완성될 것 같아 행복했다. 그렇게 보내진 엽서는 일주일 정도 걸려 논문을 쓴 저자의 손에 들어갔다. 보낸 사람의 마음을 헤아렸거나 친절한 저자는 요청한 논문의 별쇄본을 보내 주었는데 받아보기까지는 보름쯤 걸리곤 했다. 그렇게 받은 소중한 문헌들은 아직까지 보관하고 있을 뿐 아니라 여전히 유용하게 참고하고 있다. 이에 비해 요즘은 이메일로 문의하면 바로 보내줄 수 있는지의 가부를 역시 메일로 알려 온다. 논문도 우편이 아니라 텍스트나 PDF 파일로 즉시 받을 수 있다. '정보의 바다에서 헤엄쳐라'라는 말이 나올 정도로 새로운 정보의 교환이 실시간으로 이루어지고 있어서 적응하지 못하면 도태되고 마는 사회에 살고 있다.

제비꽃 종류 중에도 정보 공유가 느려 지금까지 우리나라에만 자생하는 것으로 알려졌던 금강제비꽃이란 식물이 있다. 금강제비꽃은 1919년 금강산에서 채집된 표본을 근거로 Nakai에 의해 새로운 종으로 명명된 분류군이다. 그 후 다른 나라에서는 이와 비슷한 종류가 자란다는 기록이 없어 전 세계적으로 우리나라에만 분포하는 특산종고유종으로 인정받아 왔다. 그런데 중국의 만주 부근에서도 자라는 것이 알려져 특산종으로서 희귀성이 없어져 버렸다. 왜 지금까지 몰랐을까? 바로 자료를 수집하는 데 문제가 있었고, 우리나라 인근 지역의 식물 분포에 대한 문헌이 전부 있는 것도 아니기 때문이다. 기초과학 분야 연구가 활성화된 선진국을 제외한 일부 특정 지역에 대한 정보를 확보하는 데는 아직도 한계가 있다. 일본은 대부분의 식물에 대한 정보를 잘 정리해 놓아 비교적 정확한

금강제비꽃(2009년 4월 30일_두로봉)

자료를 얻을 수 있지만, 중국은 식물지가 지금도 계속해서 출판되고 있다. 국토의 면적이 넓기도 하지만 그만큼 식물 다양성도 높기 때문이다. 지금까지 중국에서 확인된 금강제비꽃 분포 자료를 보면, 우선 만주 지역의 식물을 조사하던 일본의 식물학자 Kitagawa가 1942년 한국에 분포하는 금강제비꽃과 유사하지만 잎의 털이 적은 개체를 만주 안동성安東省에서 채집된 1914년 표본을 근거로 금강제비꽃의 변종으로 민금강제비꽃이라 이름 붙였다. 그는 1979년에 털의 변이가 변종으로 명명할 정도는 아니라고 판단해 민금강제비꽃을 품종으로 격하시켰다. 그러나 1991년 중국의 식물학자 Wang은 민금강제비꽃을 금강제비꽃에 통합시키면서 중국에도 금강제비꽃이 분포하는 것으로 기록하였다. 이런 정보가 반영되어 2005년부터는 금강제비꽃의 분포가 우리나라만이 아니라 중국의 동북 지방(만주)에도 자생하는 것으로 되었다. 이 정보를 일찍 알았더라면 적어도 1991년 이후에 나온 책에는 금강제비꽃의 분포가 제대로 알려졌을 텐데 하는 아쉬움이 있다.

금강제비꽃의 종소명 '*diamantiaca*'는 금강산에 자생한다는 뜻이고, 우리 이름도 처음 채집된 지명을 따서 붙인 것이다. '금강오랑캐' 또는 '금강산제비꽃'이라고도 부른다. 중국(만주)과 한국에 분포하며, 우리나라에는 지리산 이북의 깊은 산 숲 속 그늘진 곳에서 자란다.

형태적 특징

줄기와 뿌리

지상부에 줄기는 없으나, 뿌리줄기는 두껍고 길며 마디에서 뿌리가 내린다. 부정아가 발달한다.

1 2
3 4 1 어린잎 2 꽃이 거의 시들 무렵의 잎 앞면 3 꽃이 거의 시들 무렵의 잎 뒷면 4 폐쇄화기의 잎

잎

잎은 여러 개가 모여 뭉쳐나기하고 심장 모양을 닮았으며 부드러운 털연모이 있다. 길이는 7.6~12.7cm, 폭은 8~14.5cm 정도이고, 잎끝은 예철두, 밑부분은 깊은 심장저이며 가장자리에 얕은 톱니가 있다. 잎자루는 12~23cm이다. 개방화 시기의 잎은 가장자리가 말려 있는 형태를 보이며 개방화가 시들 때까지 완

1 2
3

1 꽃 측면, 꽃자루, 꽃받침, 꽃뿔에 털이 없다. 2 꽃 정면 3 꽃 안쪽과 암술머리_ 옆 꽃잎에 털이 있다.

전혀 펴지지 않는다. 어린잎일수록 털이 많지만 점차 줄어든다. 턱잎은 잎자루와 유합되어 있지 않으며 피침형이고 가장자리에 털이 없다.

꽃

꽃은 좌우 대칭이고 지름은 1.5~3cm이다. 4~5월에 흰색 또는 드물게 꽃잎 뒷면에 옅은 자색 빛이 돌게 피며, 꽃잎 안쪽은 녹색이다. 꽃잎의 길이는 10~13mm이며 옆 꽃잎에는 연모가 있고 아래 꽃잎에는 자색 줄무늬가 있다. 꽃뿔은 두껍고 주머니 모양이며 길이는 4mm이다. 꽃자루는 길이 10~14cm이고 중간에 소포가 있으며 털이 없다. 폐쇄화기의 꽃줄기는 개방화에 비해 매우 짧아서 지면 가까운 높이에서 발달하여 성숙한다. 꽃받침의 길이는 4~5mm로 개체에 따라 자색 또는 녹색을 띠며 털은 없고 끝은 점첨두이다. 꽃받침 뒤쪽은 갈라지지 않는다. 수술은 5개이고, 일반적으로 씨방에 털이 없으나 간혹 털이 약간 있는 집단이 확인된다. 암술대는 원통형이고 털은 없으며, 암술머리의 윗부분은 연부가 발달한다.

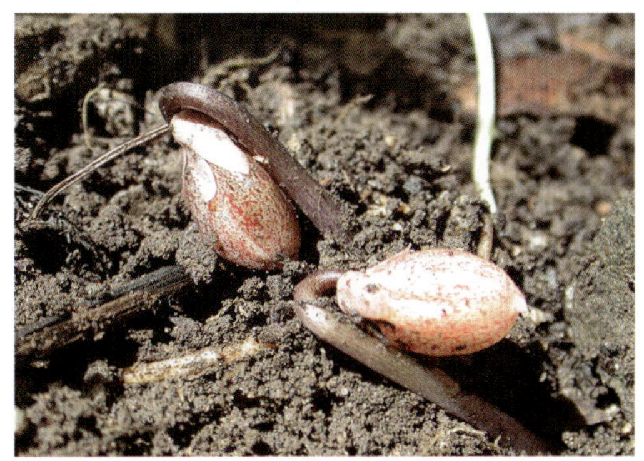

폐쇄화기의 열매

열매와 종자

열매의 길이는 13~15mm 정도이고, 진한 녹색에 암자색 반점이 있으며 긴 타원형이다. 종자는 연한 갈색이고 길이는 3.2~3.5mm이다.

생육 습성

여러해살이풀로, 약 700m 이상의 산지 경사면, 능선, 숲 속 등에 자란다. 주로 900~1000m 이상의 고산지에서 생육한다.

비슷한 종류

애기금강제비꽃(*V. yazawana* Nakai)과 비슷하나 애기금강제비꽃은 뿌리에 부정아가 없고, 잎이 삼각형에 가까우며 밑부분은 얕은 심장 모양이어서 구별된다. 고깔제비꽃(*V. rossii* Hemsl.)과는 꽃 색과 잎의 형태에서 차이를 보인다.

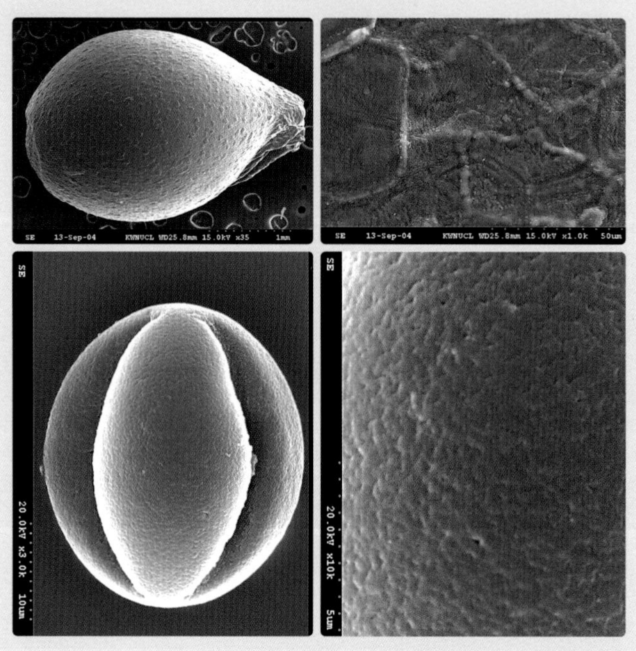

1 2 / 3 4 — 1 타원형 종자 2 종자 표면에는 종피세포를 따라 큐티클이 침적되어 있다. 3 적도면에서 본 3공구형 꽃가루 4 꽃가루 표면 무늬는 가느다란 망상형이고 표면은 울퉁불퉁하다.

애기금강제비꽃

Viola yazawana Nakai

사람은 누구나 나이가 들어가면서 기억력이 떨어지는 것 같다. 건망증일지도 모르겠지만 새로운 것을 암기하는 게 쉽지 않다. 오히려 아주 어렸을 적 기억은 또렷한 편인데 좀 자라 중학교 이후는 여러 가지 일들이 얽히고설켜 앞뒤가 맞질 않는다. 꼼꼼히 생각해 봐야 전후 사정을 겨우 꿰어 맞출 수 있다. 그나마도 생각이 나면 다행이다. 아마도 생소한 내용을 따로따로 기억하기보다는 이전에 갖고 있던 기억이나 지식에 접목시켜 새로운 기억을 만들기 때문이 아닐까 생각된다. 식물분류학을 공부하면서 처음에는 시골에서 자란 덕을 톡톡히 보았다. 이것저것 알고 있던 것도 많았고, 채집을 가거나 현장조사를 나가서 식물에 대한 설명을 들어도 상황 이해가 빨라서인지 머릿속에 쉬이 저장되었다. 그러다 보니 적어도 식물 이름은 남들보다 빨리 외웠던 것 같다. 이런 것들이 바탕이 되어 지금까지도 식물 연구에 전념하고 있는 것 같다.

처음 설악산으로 조사를 갔을 때의 일이다. 그리 녹록지 않은 산이라 어떤 코스를 선택하더라도 기본적으로 땀 깨나 흘려야 하는 곳이다. 그동안 말로만 들어 왔던 명산에 오른다는 생각에 기대도 되고 내심 긴장도 되어 약간 흥분된 상태였다. 그러나 목적은 식물조사로, 등반을 통해 얼마나 많은 식물을 만나고 채집하느냐가 관건이었기 때문에 설악산이 자랑하는 아름다운 숲과 폭포나 기암괴석 같은 내로라 하는 경치까지 챙겨 볼 시간은 없었다. 조사 장소가 설악산일 뿐 다른 산으로 채집을 나갔을 때와 별반 다를 게 없는 일정이었다.

채집 경험이 있는 분은 잘 아시겠지만 식물조사를 나선다는 것이 그리 쉬운 일은 아니다. 배낭에는 식물 채집과 조사에 필요한 도구와, 지도 교수와 선배들 것까지 챙긴 도시락과 물은 물론이고 우비 같은 만일의 경우 필요한 물품들까지 꼼꼼히 준비해 넣어 아침에 출발할 때는 전문 산악인만큼은 아니어도 꽤 묵직한 배낭을 짊어져야 한다. 조사가 시작되면 산을 오르면서도 전정가위와 뿌리삽을 연결한 줄을 목도리처럼 목에 걸어 왼손으로는 하나를 들고 오른쪽은 흔들리지 않게 고정시키고 손에는 채집한 식물을 담을 자루를 들어야 한다. 시간이 지나면서 채집한 표본이 쌓여 자루는 무거워지는데 오후 서너 시쯤 되면 거의 터질 듯 빵빵해진다. 채집한 식물은 상하면 안 되기 때문에 표본이 든 자루는 보물단지 모시듯 해야 한다. 그렇게 중무장을 하고 열 시간 이상 산을 헤매다 숙소로 돌아오면 이미 몸은 파김치가 되지만, 적어도 두세 시간 이상은 채집해 온 표본을 정리해야 하루 일과를 마칠 수 있다.

그날도 밤이 늦도록 표본을 정리하는데 유난히 눈이 가는 식물이 있었다. 처음 만나는 종류였지만 딱 한곳에서만 관찰되었던 애기금강제비꽃이다. 조사를

애기금강제비꽃(2012년 6월 6일_설악산)

시작한 지 몇 시간이 지나 다리가 아플 때쯤 큰 바위 밑에 있던 애기금강제비꽃을 만났고, 교수님께서 꽤 길게 설명을 하셔서 덕분에 잠시 쉴 수 있었다. 그때 들었던 설명과 채집 장소가 고스란히 내 머릿속에 입력되어 지금까지 남아 있다. 몇 년 전 제비꽃 연구를 수행하면서 애기금강제비꽃을 수집하러 다시 그곳을 찾아갔을 때도 단번에 찾아냈다. 지금까지 꿋꿋하게 남아 있는 것도 감사하지만 그때 들었던 설명을 기억하지 못했다면 그 넓은 설악산에서 어떻게 찾을 수 있었겠는가? 생각만 해도 아찔하다. 시간을 보내며 쌓아온 인간의 성숙이 새로운 정보에 즉흥적으로 반응하는 것은 좀 더뎌지게 하더라도 갖고 있는 지식과 기억은 능숙하게 활용할 수 있게 하는 것을 보면 앞으로의 인생도 기대해 봄직하다는 생각이 든다. 아직도 머릿속에 생생한 애기금강제비꽃의 모습을 꺼내어 본다.

애기금강제비꽃의 종소명 '*yazawana*'는 일본의 박물학자 이름에서 기원한 것이고, 우리 이름은 금강제비꽃에 비해 전체가 왜소하여 붙여진 이름 같다. 일본과 한국에 분포하고, 우리나라에는 강원도 이북의 깊은 산 숲 속 그늘진 곳에서 자란다.

형태적 특징

줄기와 뿌리

줄기는 없고, 뿌리줄기는 두껍고 마디가 많으며 마디에서 뿌리가 나지만 부정아는 발달하지 않는다.

잎

잎은 계란 모양의 삼각상 심장형이며, 꽃개방화이 필 때 길이가 2~3cm, 폭도 2~

3cm이다. 열매를 맺을 시기가 되면 길이는 5~8cm, 폭은 4~6cm로 자란다. 잎끝은 예철두, 밑부분은 깊은 심장 모양이며, 가장자리에는 거치가 있다. 이른 봄에 잎은 가장자리가 말려 있고 털이 밀생하지만 점차 줄어든다. 개방화가 시들면서 잎은 펴지고 양면에 털이 약간 남는데, 엽저 부분에는 다소 많은 털이 있다. 잎자루는 3~12cm이며, 턱잎은 피침형이고 길이는 3~4mm이다.

꽃

꽃은 좌우 대칭이며 지름은 1.5cm이고 4~5월에 흰색으로 핀다. 꽃자루는 길이 4~8cm이고 중간 아래쪽에 소포가 있다. 꽃받침은 좁은 계란 모양의 피침형이고 길이는 6~8mm이며, 끝은 예두이고 뒤쪽은 갈라지지 않는다. 꽃잎은 길이가 8~13mm이고 옆 꽃잎에는 털이 없으며 약한 자색 줄이 있다. 아래 꽃잎에도 자색 줄이 있다. 꽃뿔은 넓은 주머니 모양이며 길이는 2~4mm이다. 수술은

1 이른 봄의 잎 2 잎 앞면 3 잎 뒷면

1 식물 전체 2 꽃 정면_ 옆 꽃잎에 털이 없고, 옆 꽃잎과 아래 꽃잎에 연한 자색 줄이 있다. 3 꽃 안쪽 4 꽃 측면, 꽃줄기, 꽃받침, 꽃뿔에 털이 없다.

5개이고, 씨방에는 털이 없다. 암술대는 원통형으로 털이 없고 짧은 부리가 있으며 윗부분은 연부가 발달한다.

열매와 종자

열매는 타원형이고 길이는 8~10mm 정도이며, 표면은 진한 녹색에 암자색 반점이 있고 털은 없다. 종자는 연한 갈색으로 길이는 2.5mm이다.

생육 습성

여러해살이풀로, 숲 속 또는 숲 가장자리에 상층 수목이 어느 정도 자리를 잡고 있어 그늘이 진 곳에서 자란다. 금강제비꽃과 마찬가지로 해발 고도가 높은 지역에 자생지를 형성한다.

비슷한 종류

금강제비꽃(*V. diamantiaca* Nakai)과 비슷하나 금강제비꽃은 잎의 형태와 부정아의 유무로 구별하며, 고깔제비꽃(*V. rossii* Hemsl.)과는 잎의 형태와 꽃 색, 열 꽃잎의 털이 있고 없고 등으로 구별한다.

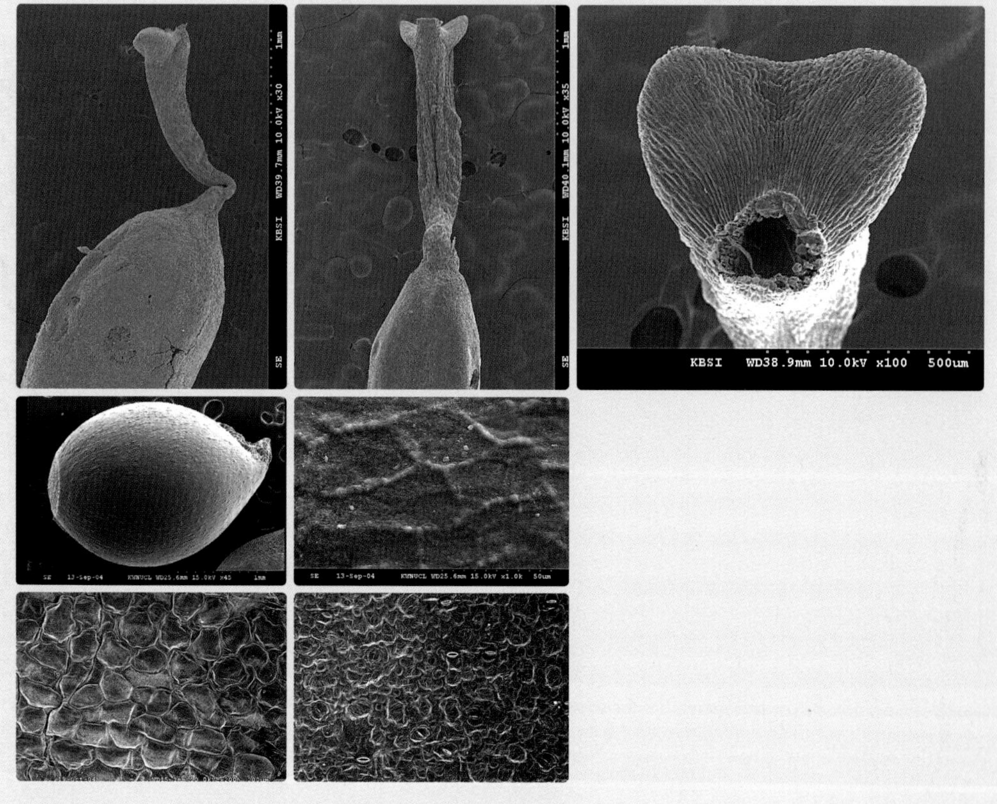

1 2 3
4 5
6 7

1 암술 측면　2 암술 정면_ 전체에 털이 없다.　3 암술머리 윗면_ 짧은 부리가 있고 연부가 발달한다.　4 타원형 종자　5 종자 표면에는 돌출된 돌기 모양의 큐티클층을 갖는다.　6 잎 앞면 표피세포_ 뒷면 세포보다 크고 각이 져 있다.　7 잎 뒷면 표피세포_ 기공이 분포한다.

■■■ 고깔제비꽃, 금강제비꽃, 애기금강제비꽃의 비교

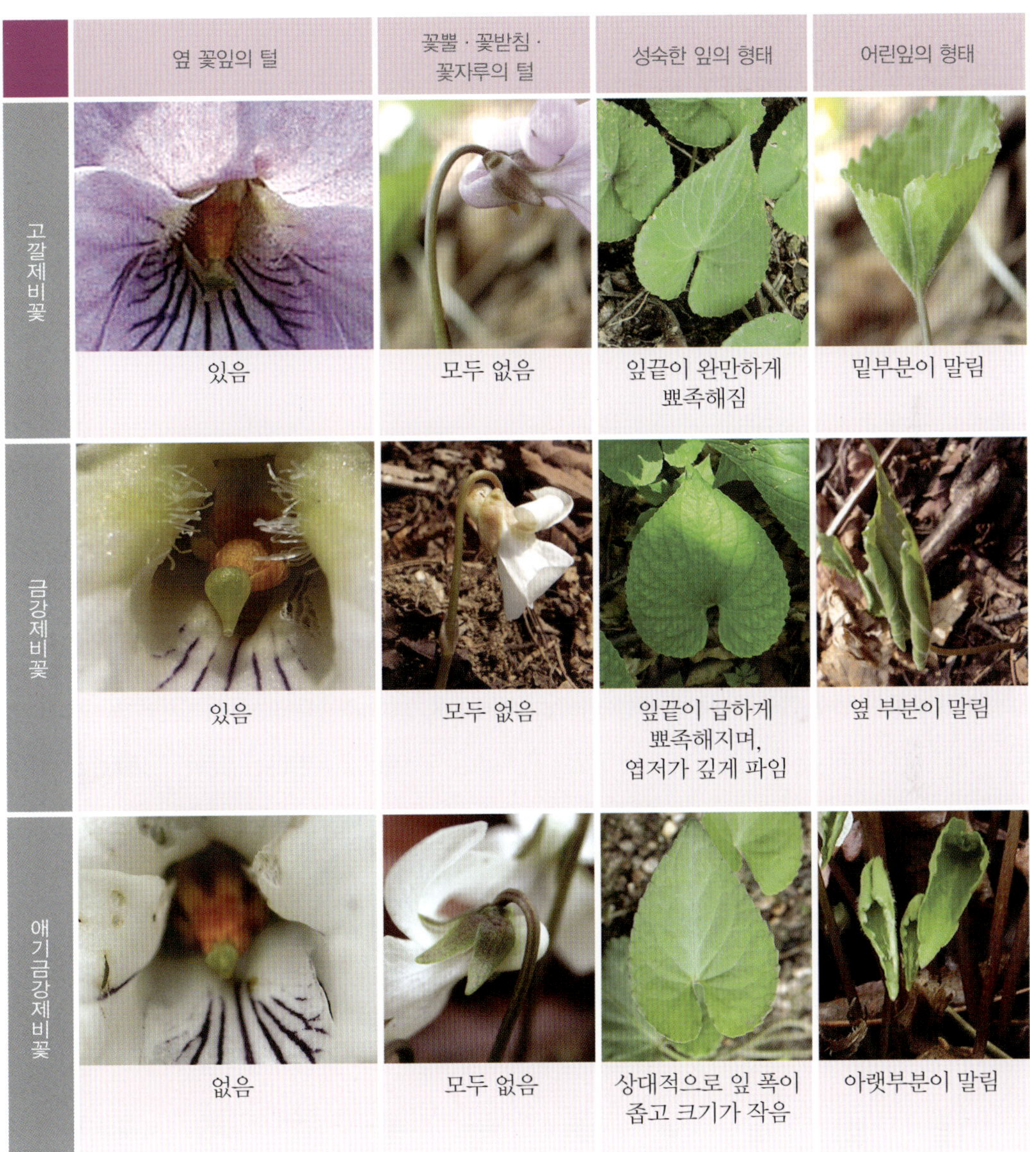

	옆 꽃잎의 털	꽃뿔 · 꽃받침 · 꽃자루의 털	성숙한 잎의 형태	어린잎의 형태
고깔제비꽃	있음	모두 없음	잎끝이 완만하게 뾰족해짐	밑부분이 말림
금강제비꽃	있음	모두 없음	잎끝이 급하게 뾰족해지며, 엽저가 깊게 파임	옆 부분이 말림
애기금강제비꽃	없음	모두 없음	상대적으로 잎 폭이 좁고 크기가 작음	아랫부분이 말림

간도제비꽃

Viola dissecta Ledeb.

정이 많은 우리나라 사람들은 처음 만나 인연을 맺게 되면 서로의 공통점을 찾아 '우리'라는 공동체로 묶기를 좋아한다. 우리 가족, 우리 학교, 우리 친구처럼 말이다. 자신이 속해 있는 것과 그렇지 않은 것의 구분이 명확한 편으로, 사람뿐 아니라 사물이나 자연을 대할 때도 적용되는 것 같다. 식물도 예외는 아니다. 아무래도 조금 더 예쁘고 화려한 꽃, 희귀한 식물, 흔하지만 특별하게 자란 나무, 같은 나무라도 한 자리에서 수백 년 이상을 버텨온 노거수 같은 것에 관심이 쏠리기 마련이다. 식물을 연구하는 학자들은 전공하는 식물을 만나게 되면 한 번 볼 것을 두 번 보게 되고, 사진도 한 장만 찍어도 되는 것을 몇 장씩 찍게 된다. 조금만 다르게 생겨도 신기해서 이리 보고 저리 보고 말 그대로 특별해지는 것이다. 자연히 그에 대한 정보와 지식은 관심에 비례해 늘어날 수밖에. 같이 등산을 하다가도 우리가 식물을 채집한 자리에서 파충류를 전공한 분들은 뱀을 찾아내는 것도 같은 맥락일 것이다. 애정을 갖고 공부하는 종류가 어떤 환경, 어떤 위치에서 어떤 모습으로 자라고 있을지 머릿속에 투영되어 있기 때문이다. 실제로 중국 연변에 연구 재료를 수집하러 갔을 때 왠지 모를 느낌에 끌려 올라간 낮은 능선에서 조사하러 간 종을 찾아 채집한 적도 있었다.

그때 채집하러 갔던 이야기를 하면 극적으로 만났던 간도제비꽃을 빼놓을 수 없다. 조사를 시작한 첫날부터 묘한 이끌림 덕에 원하는 종을 찾은 기쁨도 잠시 그 후 며칠 동안은 전혀 수확이 없었다. 실망한 채 귀국해야 할 판이었는데, 우리를 안내해 주던 분이 귀국 전날 연변 인근에 자라는 식물들이 어디에 있는지 잘 아는 분이 있는데 같이 저녁식사를 하면 어떠냐고 했다. 지푸라기라도 잡는 심정으로 반신반의하며 만나러 갔다. 통성명을 하고 저녁을 먹으며 식물에 관한 이런저런 얘기를 나누다가 넌지시 '간도제비꽃'이 어디 있는지 아느냐고 물었다. 그분은 잘 알고 있으며 날이 밝는 대로 안내해 주겠다고 흔쾌히 허락을 했다. 간도제비꽃에 대한 연구를 수행중이라 그때 채집을 하지 못한다면 다시 채집하러 와야 할 상황이라 그보다 반가운 말이 없었다.

다음날 그분은 숙소에서 그리 멀지 않은 곳으로 우리를 안내했다. 간도제비꽃 자생지라고는 하는데 소를 풀어 놓아 먹이는 언덕으로 풀이 발목까지도 오지 않았다. 간도제비꽃이 있다고 해도 과연 소들의 등살에 남아 있을까 걱정을 하며 일단 흩어져 찾아보기로 했다. 의심과 절망이 확신과 희망으로 바뀌는 데는 불과 15분도 걸리지 않았다. 허리를 숙이고 간도제비꽃을 찾기 시작한 지 얼마 되지 않아 한두 개체가 눈에 들어왔다. 비록 지상부의 대부분이 소에게 먹혔지만 분명 간도제비꽃이었다. 한번 눈에 들어오니 근처에서 연달아 보이기 시작했다.

간도제비꽃(2009년 6월 28일_중국)

그중 튼튼해 보이는 것으로 두 개체를 골라 채집하고는 뿌듯함을 만끽하며 공항으로 향했다. 지금도 어디서든 간도제비꽃을 보면 그날 아침의 극적인 해우가 아른거린다. 요즘은 실제 야외에서만큼은 학계에 있는 분들에 버금가는 지식을 가진 아마추어 연구가들이 있을 정도로 식물에 대한 관심이 높아져 내심 뿌듯하기도 하고 많은 도움을 받기도 한다. 앞으로도 식물과 좋은 인연이 닿는 분들이 많아졌으면 하는 바람이다.

간도제비꽃의 종소명 '*dissecta*'는 많이 갈라졌다는 뜻으로 잎의 모양을 표현한 것 같고, 우리 이름은 분포하는 지역 이름을 그대로 붙였다. '간도오랑캐' 또는 '만주씨름꽃'이라고도 부른다. 러시아, 중국, 만주, 한국에 분포하며, 우리나라에는 함경북도 지방의 산지 경사면에서 자란다.

형태적 특징

줄기와 뿌리

줄기는 없으며, 높이는 꽃이 피는 시기에 3~17cm, 결실기에는 4~34cm로 성장한다. 뿌리줄기는 곧고 짧으며 길이는 5~12mm, 폭은 3~8mm이며 마디가 많고 아랫부분에서 노란색 뿌리를 내기도 한다.

잎

잎은 심장형, 넓은 계란형 또는 원형이고 가장자리는 톱니가 없거나 드물게 불규칙한 톱니가 있으며, 길이는 1.2~9cm, 폭은 1.5~10cm이다. 어릴 때는 양면에 흰 털이 있지만 성숙하면 거의 없어지거나 일부만 남기도 한다. 잎은 떡잎이 달리는 어린잎 시기에는 깊게 갈라지지 않지만 개화기가 되면서 3개(드물게 5개)

어릴 때의 잎(유생엽)

로 깊게 갈라지고, 각각의 조각열편은 선형 또는 좁은 피침형이며 폭은 0.2~1cm 이다. 잎자루는 3.2~10.1cm로 다양하며, 어릴 때는 털이 있으나 성숙하면서 줄어드는데 윗부분에는 많이 남는다. 턱잎은 청록색 또는 녹색으로 2/3 정도가 잎자루에 붙어 있고 윗부분은 좁은 피침 모양이며 약간 막질이다. 가장자리에 작은 치아상 톱니가 있고 끝은 점차 뾰족해지는 점첨두이다.

꽃

개방화는 4~5월에 피며 자색 또는 자색을 띠는 보라색이고, 모든 꽃잎에 자색 줄무늬가 있으나 위쪽 꽃잎은 연한 색깔을 띠며 꽃잎 안쪽은 흰색이다. 꽃자루는 잎과 길이가 비슷하거나 약간 더 길지만, 열매를 맺는 시기에는 잎보다 짧고 털은 있거나 없으며 작은 잎 모양의 포는 선형으로 꽃자루의 중간 윗부분에 달

1 2 1 꽃 측면 2 꽃 정면_ 옆 꽃잎에 털이 있다.

린다. 꽃받침은 계란 모양, 긴 타원상 계란 모양 또는 피침 모양이고 길이는 4~7mm이며 3개의 맥이 있다. 꽃받침의 뒷부분은 갈라지지 않는다. 위쪽 꽃잎은 좁은 도란형이며 끝은 약간 위로 젖혀지고, 옆 꽃잎은 긴 타원형에서 도란형으로 길이는 7~15mm, 폭은 6mm 정도이고 털이 있다. 꽃뿔은 원통 모양으로 길이 4~8mm, 폭 2~3mm이며, 끝은 뭉툭한 둔두로 약간 길어지고 털이 없다. 수술은 1.5~2mm이고, 암술대는 길이가 2~3mm이며, 암술머리는 곤충 머리 모양으로 정면에 짧은 부리가 형성되어 있고 끝에는 뚜렷한 주두공이 있다.

열매와 종자

열매는 0.9~1.8cm이고 장타원형 또는 타원형이며 털은 없다. 종자는 갈색 또는 짙은 갈색이고 길이는 약 2mm이다.

생육 습성

여러해살이풀로, 산지 경사면 또는 숲 가장자리에 주로 자라며 햇빛이 풍부하게 비치는 곳을 선호한다.

비슷한 종류

잎이 갈라지는 특징은 남산제비꽃(*V. chaerophylloides* (Regel) W. Becker)과 비슷하지만 꽃이 자색으로 피어 차이가 난다. 폐쇄화기가 되면 남산제비꽃 중 선형의 잎을 가지는 개체와 혼동되기도 하지만, 남산제비꽃은 꽃받침 뒤쪽이 뚜렷하게 갈라지며 작은 잎 조각처럼 열편을 형성하여 구분된다.

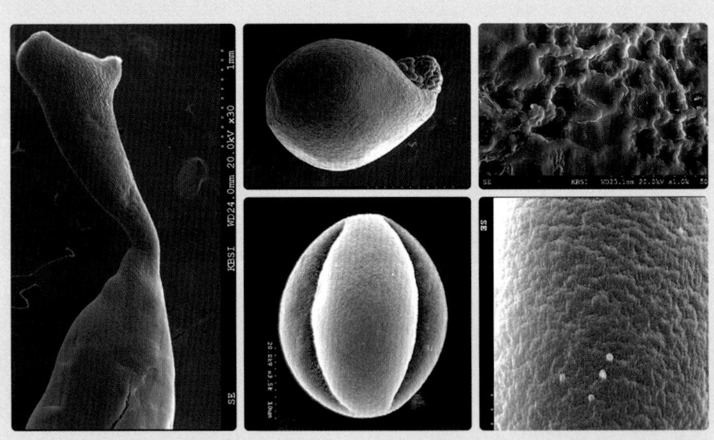

1 암술 측면_ 암술 끝 부분은 곤충의 머리처럼 생겼으며 앞쪽으로 짧은 부리가 있다. 2 타원형 종자 3 종자 표면에는 5각형~6각형의 큐티클층이 형성되어 있다. 4 꽃가루는 3~4공구형_ 적도면에서 본 3공구형 꽃가루 5 꽃가루 표면 무늬는 가느다란 망상형이며 표면은 울퉁불퉁하다.

남산제비꽃

Viola chaerophylloides (Regel) W. Becker

남산제비꽃이나 태백제비꽃처럼 지명에서 유래된 이름을 가진 제비꽃 종류가 있다. 남산제비꽃은 여러 가지 형태적 변이가 많은 데 비해 태백제비꽃은 별 무리 없이 올곧은 형태를 하고 있다. 그런데 이 종류가 전혀 연관성이 없지 않아서 어떤 학자들은 남산제비꽃을 태백제비꽃의 변이 종으로 보기도 한다. 좀 더 비슷한 근처에 있는 종류로는 단풍제비꽃이란 종이 있다. 이 세 종류의 제비꽃이 보여 주는 형태적 변이는 우리나라에 분포하는 제비꽃 종류 중 가장 심한 것 같다. 이들은 같은 자생지에 분포하는 경우도 종종 있는데, 이들에게는 어떤 유연관계가 있을까? 명확한 결론을 얻기 위해 석사 과정 학생에게 학위논문으로 내준 적이 있는데, 결과는 뒤죽박죽 말 그대로 중구난방이었다. 형태뿐만 아니라 DNA를 이용한 분자계통학적 연구에서도 결과는 마찬가지였

남산제비꽃(2009년 4월 17일_삼악산)

다. 과연 이 종류들에 대한 계통 파악은 불가능한 것일까?

조금 더 정확한 해결을 위해 일본의 저명한 제비꽃 전문가인 Masashi Igari에게 연락하여 일본에 분포하는 남산제비꽃 종류에 대한 정보를 얻을 수 있는지 요청하였다. 그는 일본에는 약 200여 종류의 제비꽃이 분포하는데, 일본의 식물분류 학자인 Nakai가 'Japan is the kingdom of *Viola*' 라고 했을 정도로 다양한 분포를 보인다고 하였다. 이 중 남산제비꽃과 관계가 깊은 종류로는 *V. eizanensis* (Makino) Makino와 종 내 분류군인 var. *simplicifolia* Makino, for. *candida* Hiyama, 남산제비꽃의 품종인 for. *sieboldiana* (Maxim.) F. Maekawa et Hashimoto, 그리고 여러 가지 교잡종들이 알려져 있다.

Masashi 씨는 일본을 방문하기 전 이메일로 연락을 주고받을 때는 빡빡하게 짜인 조사 계획 때문에 동행할 수 없다고 해서 걱정을 했는데 막판에 일정을 조정해 주어 제비꽃 투어를 함께할 수 있었다. 일본에서 만난 그는 아주 순수해 보였으며 친절하게도 우리를 자기 차로 안내해 주었다. 재미있게 꾸며진 그분의 자동차는 우리나라의 작은 봉고차와 비슷한 미니 밴으로 앞쪽의 사람이 탈 수 있는 공간은 일반 자동차와 같았지만 뒤쪽 공간이 독특했다. 한쪽 면에 선반을 만들어 다양한 식물도감을 꽂아 두었고, 반대편 쪽에는 접이식 간이침대는 물론 취사도구까지 갖추어 놓아 시간에 구애받지 않고 야외 활동을 할 수 있도록 준비된 전천후 자동차였다. '이 정도는 돼야 야외조사를 위해 기본적인 준비가 되겠구나' 부러운 생각이 들었다. 장난감 같은 그분의 자동차를 타고 제비꽃 종류가 많이 자라는 곳으로 향했다.

처음 만났지만 제비꽃이라는 공통 화제가 있으니 채집 장소로 이동하는 동안 이야기가 끊이질 않았다. 너무 이야기에 몰두하는 바람에 그분은 길을 잃어버릴 정도였고, 나는 일본을 처음 방문하였음에도 바깥 경치를 구경할 틈이 없었다. 이곳저곳을 옮겨 다니며 숲으로 들어가 일본의 제비꽃들을 관찰했다. 특히 남산제비꽃 종류는 우리나라보다 훨씬 더 많은 종류와 개체들이 분포하고 있었는데, 그 이미지가 하나씩 머릿속에 저장될수록 이 종류들에 대한 구별 기준이 점점 더 모호해졌다. 어쨌든 전부는 아니지만 일본의 제비꽃 종류를 만날 수 있어서 유익한 여행이었다. 내친김에 종합적인 연구 수행을 위해 이 종류들의 유연관계를 밝히려고 한번 더 대학원생에게 박사 학위논문 주제로 주었다. 전 세계에 분포하는 남산제비꽃 무리를 모두 수집하여 좀 더 자세한 연구를 수행하려는 생각이었다. 그 결과 남산제비꽃은 근연 종류와는 독립적인 종으로 보는 것이 옳다는 결론을 얻었고, 지금까지 논란의 대상이었던 태백제비꽃과 단풍제비꽃과의 관계를 명확하게 구분할 수 있었다.

남산제비꽃의 종소명 '*chaerophylloides*'는 '*chaerophylla*' 종과 비슷하다는 의미인데, 손바닥 모양으로 갈라진 잎을 의미하는 '*cheirophylla*'를 잘못 기재하여 만들어진 것이 아닌가 생각된다. 우리 이름은 남산이란 지명에서 유래되었는데 어느 곳에 있는 남산인지, 아니면 남쪽에 있는 어떤 산을 가리키는 것인지조차 밝혀지지 않았다. '남산오랑캐'라고도 부른다. 러시아(아무르, 우수리), 일본, 중국(만주), 한국에 분포하며, 우리나라에는 전국 산지의 숲 속에서 자란다.

형태적 특징

줄기와 뿌리

줄기는 없으며, 뿌리줄기는 굵고 짧다. 뿌리에서 불규칙적으로 부정아가 발달하며, 뿌리가 끊어지지 않으면 연속적으로 이어진 개체들을 만든다.

잎

잎은 여러 개가 모여 나고 꽃이 핀 후에도 자란다. 모양은 넓은 계란형 또는 삼각상 계란형이며, 크게 3부분으로 나눠진 후 양 옆의 소엽은 다시 각각 2개의 소엽을 형성하여 전체적으로는 새발 모양의 5개로 갈라지는 복엽을 형성한다. 폭은 2~15cm이고 잎끝은 예두, 밑부분은 쐐기 모양이며 5개로 갈라진 소엽은 다시 깊게 갈라진다. 어린잎에는 털이 있는데 성숙하면서 거의 없어지지만 잎맥 또는 엽저 부분에 약간 남는다. 잎자루는 2.1~10.1cm이고 털은 윗부분에만 약간 있거나 없다. 턱잎은 넓은 선형이고 길이는 0.9~2.7cm이다.

꽃

꽃은 좌우 대칭이며 지름은 1.5~2cm이다. 4~6월에 흰색 꽃을 피우지만 간혹 꽃잎 뒷면이 연한 자색을 띠기도 한다. 꽃자루는 길이 4~18cm이며 잎보다 길고, 작은 보호 잎 조각인 소포는 선형으로 꽃자루의 중간 아랫부분에 달린다. 꽃받침은 피침형이고 끝은 예두이며 뒤쪽이 갈라져 열편을 형성한다. 위 꽃잎은 길이가 10~18mm이고, 옆 꽃잎에는 털이 있으며 길이는 10~16mm, 폭은 4~10mm이다. 보통 옆 꽃잎과 아래 꽃잎에만 자색 줄무늬가 있으며, 꽃 안쪽은 초록색이다. 꽃뿔은 원통형이고 털은 없으며 길이는 5~13mm이다. 수술은 5개이며 씨방에는 털이 없다. 암술대의 윗부분은 보통 구형으로 볼록하지만 튀어나온 정도는 개체에 따라 차이를 보이기도 한다. 앞부분은 부리가 있으며 연부가 약하게 발달한다.

1 꽃 정면 2 꽃 안쪽_ 옆 꽃잎에 털이 있다. 3 꽃 측면

열매와 종자

열매의 길이는 10~15mm 정도이며 긴 타원형이다. 표면은 녹색 또는 진한 녹색이며 개체에 따라 자색 반점이 있는 것과 없는 것이 있다. 종자는 갈색 또는 진한 갈색이며 길이는 1.2~2.2mm이다.

1 성숙한 씨방 표면에 자색 점이 있는 개체　2–3 녹색 꽃이 피는 개체

생육 습성

여러해살이풀로, 임도 및 등산로 주변, 산지 경사면, 숲 가장자리, 숲 속, 계곡부 등 매우 다양한 환경에서 자란다. 환경과 지역에 따라 다양한 형태 변이를 보인다. 일본, 중국, 한국에 분포하는데 일본과 중국에서는 1000m 이상의 높은 곳에서도 관찰되지만, 우리나라는 고산 지대에서는 분포하지 않으나 내륙 일부 산지와 한라산 등에서는 다소 높은 지대에서도 자란다.

1 2
3 4 남산제비꽃_ 1 2005년 4월 15일 계룡산 2 2005년 4월 13일 제주도 3 2011년 4월 15일 제주도 4 2004년 4월 17일 마이산

1 2
3 4
5 6

1–6 다양한 잎의 변이 형태

1 2
3 4
다양한 꽃 색깔의 변이 형태_ 1 2005년 4월 15일 계룡산 2 2005년 4월 15일 계룡산 3 2008년 3월 14일 거제도 4 2004년 10월 15일 홍천 가칠봉

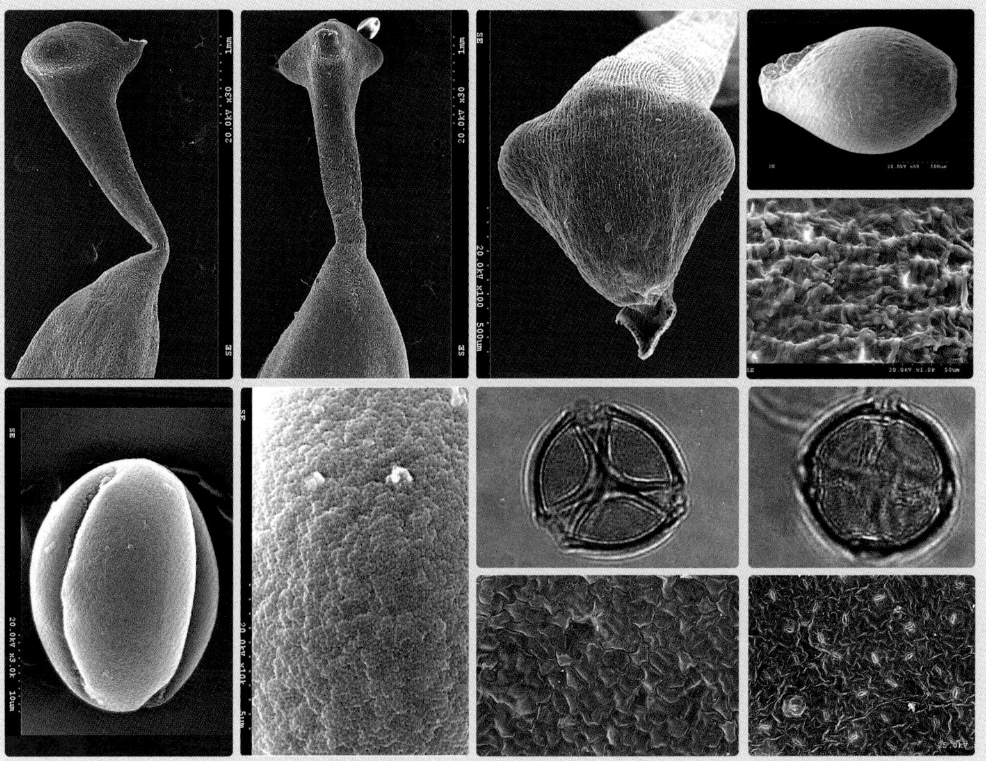

1	2	3	4 / 5
6	7	8 / 10	9 / 11

1 암술 측면 2 암술 정면_ 암술 끝부분은 부리가 있고 연부가 약하게 발달한다. 3 암술머리 윗면_ 불룩하게 튀어 나온다. 4 타원형 종자 5 종자 표면에 불규칙적으로 돌출된 큐티클층이 있다. 6 꽃가루는 3~4공구형_ 적도면에서 본 3공구형 꽃가루 7 꽃가루의 표면 무늬는 망목이 0.5㎛ 이하인 세망상문이며 표면은 과립처럼 울퉁불퉁하다. 8 3공구형 꽃가루의 광학현미경 사진 9 4공구형 꽃가루의 광학현미경 사진 10 잎 앞면 표피세포 11 잎 뒷면 표피세포_ 기공이 많이 분포한다.

비슷한 종류

꽃의 형태는 태백제비꽃(*V. albida* Palib.)이나 단풍제비꽃(*V. albida* var. *takahashii* Nakai)과 유사하나 태백제비꽃은 잎이 전혀 갈라지지 않고 가장자리에 비교적 규칙적인 톱니가 있으며, 단풍제비꽃은 불규칙적인 열편을 형성하지만 소엽을 형성하지 않는 특징으로 구별한다. 남산제비꽃에 비해 꽃이 녹색이며 모종과 같은 생육지에서 자라는 개체는 녹색남산제비꽃(for. *viridis* Y. Lee)이라 발표되었으나 기존의 문헌에서는 일시적인 기형 또는 변이체로 취급하기도 한다.

잡종

남산제비꽃과 근연 분류군과의 잡종 현상은 자생지에서 매우 다양하게 발견되는데 이들 각각을 새로운 종으로 취급하기도 하지만 좀 더 자세한 분류학적 재검토가 필요하다.

우산제비꽃 *V. woosanensis* Y. Lee & J. Kim

남산제비꽃과 뫼제비꽃의 교잡 형태로 울릉도에서 자란다. 잎은 삼각상 계란 모양이나 불규칙하게 갈라져 톱니 모양을 하고 있고, 뒷면은 자주색을 띠나 개방화가 시들면서 점차 자색은 옅어져 없어진다. 잎 양면에 털이 있다. 꽃은 보라색으로 피며, 옆 꽃잎에 털이 있다.

화엄제비꽃 *V. ibukiana* Makino

남산제비꽃과 자주잎제비꽃(이창복, 2005), 또는 남산제비꽃과 민둥뫼제비꽃(이우철, 1996b)의 잡종으로 화엄사 근처에서 자란다. 잎은 계란 모양이고 가장자리는

우산제비꽃

우산제비꽃(2004년 5월 21일_울릉도)

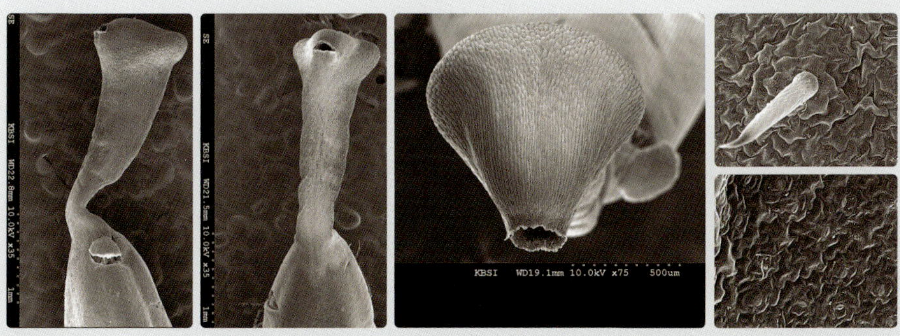

1 2 3 4 5

1 암술 측면 2 암술 정면 3 암술머리 윗면_ 연부가 발달하고 윗부분(정부)은 약간 솟아 있다. 4 잎의 앞면_ 잎에 털은 거의 없지만 잎맥과 엽저에 약간 산재하는 개체도 있다. 5 잎의 뒷면_ 기공이 많이 분포한다.

단풍제비꽃처럼 갈라졌으며 표면에는 흰색 무늬가 있고 윤채가 있다. 꽃은 밝은 홍자색으로 핀다. '화엄오랑캐' 라고도 한다.

창덕제비꽃 *V. palatina* Y. Lee

남산제비꽃과 왜제비꽃의 잡종형으로 창덕궁에서 자란다. 잎은 왜제비꽃과 유사하지만 가장자리에 깊은 톱니가 있다. 꽃은 자주색이고 옆 꽃잎에 털이 없으며 가장 아래쪽 꽃잎에는 흰 바탕에 검은색에 가까운 자색 줄이 있다. 꽃은 자주색으로 핀다.

완산제비꽃 *V. wansanensis* Y. Lee

남산제비꽃과 제비꽃의 잡종형으로 전라북도 완산에서 자란다. 잎은 타원형이고 단풍제비꽃처럼 갈라졌으나 불규칙하게 덜 갈라지며, 잎자루는 4cm 정도이다. 꽃은 자주색에 흰색이 섞여 피며 옆 꽃잎에 털이 있다.

제주제비꽃 *V. chejuensis* Y. Lee & Y. Oh

남산제비꽃과 털제비꽃의 잡종으로 제주도의 낙엽수림 밑에서 자란다. 잎은 계란 모양이고 털은 없으며 가장자리는 3~4개로 갈라진다. 10cm가량의 잎자루에는 갈색 점이 있다. 꽃은 홍청색이고 옆 꽃잎 아랫부분에는 털이 있다.

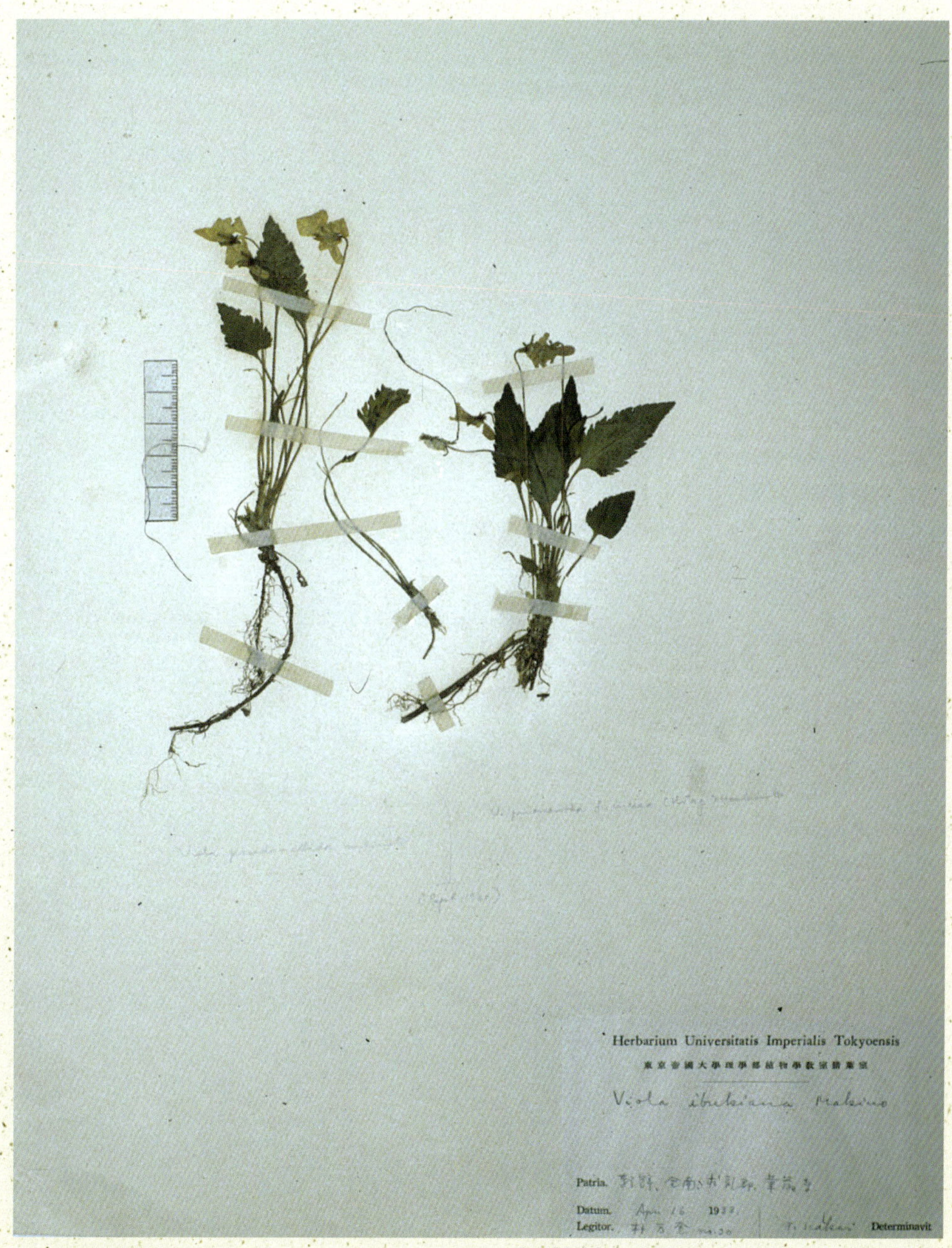

Provided from the Herbarium, University of Tokyo(TI)

화엄제비꽃 표본

창덕제비꽃

1
2 3
4 5

1 창덕제비꽃 전체(2012년 5월 5일_창덕궁) 2 꽃 정면_ 옆 꽃잎에 털이 없다. 3 폐쇄화_ 꽃자루에 털이 있다. 4 잎 앞면_ 가장자리에 깊게 파인 톱니가 있다. 5 군락지 지상부의 잎

완산제비꽃

1 2
3 4

1 완산제비꽃 군락(2012년 5월 9일_전북 완산) 2 꽃 정면_ 옆 꽃잎에 털이 있다. 3 잎 앞면_ 가장자리에는 불규칙한 톱니가 있다. 4 잎의 비교_ 남산제비꽃(왼쪽), 완산제비꽃(가운데), 제비꽃(오른쪽)

태백제비꽃

Viola albida Palib.

요즘은 사람들이 외모에 너무 신경을 써서 일반인들조차 의학의 힘을 빌려서라도 예뻐지려고 하는 사람이 많다. 그러나 이리저리 생각해 보아도 가장 평범한 것이 가장 아름다운 것 같다. 이른바 자연 미인이란 말이 이래서 나온 것은 아닐까? 제비꽃 종류 중에서도 자연 미인 같은 시원한 꽃을 가진 식물이 있다. 바로 태백제비꽃이다. 이 제비꽃을 처음 만났을 때의 인상은 어떤 한 집안의 맏형 같은 믿음직스러움이었다. 어릴 때부터 부모가 계시지 않으면 맏형이 부모와 동격이라는 큰 형님의 장난기 섞인 주장을 늘 들어온지라 새삼스러울 것은 없지만, 그래도 일이 생기면 나도 모르게 맏형에게 조금이라도 의지하는 것을 보면 그 위치가 주는 존재감이란 것이 있는 것 같다. 그 느낌 때문인지 이후로 야외에서 태백제비꽃을 만나면 마음이 차분해진다. 숲 속 북사면 쪽으로 약간 기름진 토양이 있는 곳이면 여지없이 태백제비꽃을 만날 수 있다. 근처에는 잎이 갈라지는 것 때문에 종 구별이 쉽지 않은 남산제비꽃과 단풍제비꽃, 그리고 비슷한 환경을 좋아하는 잔털제비꽃과 둥근털제비꽃 등이 친한 친구처럼 함께 자란다. 길쭉한 잎 사이에서 올라온 꽃대에 한 개의 흰 꽃이 덩그러니 피어 있는 모습은 지나가는 사람들을 유혹하기에 충분하다. 아마 제비꽃 사진을 찍는다면 가장 예쁜 모습을 담을 수 있는 종류가 바로 태백제비꽃일 것이다.

한번은 태백제비꽃의 아름다움에 빠져 뿌리째 몇 그루를 캐서 온실로 옮겨 심어 본 적이 있다. 잎, 꽃, 종자 등을 실험 재료로 사용하려는 것이 주된 목적이었지만 성장하면서 그 모습이 어떻게 변화해 갈지도 몹시 궁금했다. 온실에는 이미 몇 가지 제비꽃 종류가 자리를 잡고 있었다. 어느 정도 자리를 잡는가 싶더니 옮겨 심은 지 한 달쯤 지난 후에는 어느 것이 태백제비꽃인지 구별할 수 없을 정도로 형태가 심하게 변했다. 특히 잎은 주변에 심어 놓았던 다른 종류와 구별이 어려울 정도였다. 꽃이 핀 후에도 잎은 계속해서 성장했다. 다음해가 되어 새싹이 나오기 시작했을 때 태백제비꽃을 심었던 주변으로 여기저기 발아된 작은 개체들이 뒤죽박죽 섞여 나왔고 교잡종처럼 보이는 개체들이 보이면서 결국 제대로 된 태백제비꽃 개체를 얻을 수 없었다. 만형 같은 인자한 모습도 자생지에 난 것과는 차원이 달랐다. 역시 자연 미인이 아름답다는 생각을 했다.

태백제비꽃의 종소명 '*albida*'는 흰색이란 의미로 꽃의 색깔을 표현한 것이며, 우리 이름은 '태백'이라는 지명에서 유래된 것 같다. '태백씨름꽃', '사향씨름꽃', '태백오랑캐' 등으로도 부른다. 잎을 찧어 종기를 치료하는 민간요법이 전한다. 일본, 중국(만주), 한국에 분포하며, 우리나라에는 전국의 산지 숲 속에서 자란다.

태백제비꽃(2009년 4월 28일_오대산)

형태적 특징

줄기와 뿌리

줄기는 없으며, 뿌리줄기는 굵고 짧다. 뿌리에서는 불규칙적으로 부정아가 발달하며, 뿌리가 끊어지지 않으면 연속적으로 이어진 개체들을 만든다.

잎

잎은 뿌리에서 여러 개가 한꺼번에 모여 나고 꽃이 핀 후에도 자란다. 잎의 모양은 삼각상 난형, 난형 또는 난상 타원형이고, 길이는 1.4~19.5cm, 폭은 0.9~9.6cm이다. 잎끝은 예두, 밑부분은 심장 모양이고, 가장자리에는 안쪽으로 향한 얕은 톱니거치가 있다. 잎자루는 1.5~22.4cm이고 좁은 날개가 있다. 어린잎에는 털이 많지만 자라면서 점차 없어지고, 성숙한 잎에는 전체적으로 털이 거의 없으나 잎맥, 엽저, 잎자루 위쪽에 약간의 털이 있다. 턱잎은 넓은 선형이고 길이는 1.1~2.2cm이다.

꽃

꽃은 좌우 대칭이며 지름은 0.7~2cm이고 4~5월에 흰색으로 피며 안쪽은 초록색이다. 옆 꽃잎과 아래 꽃잎에 자색 줄무늬가 있다. 꽃자루는 길이 5.1~19.7cm로 잎보다 길고, 작은 잎 조각 모양의 소포는 선형으로 꽃자루의 중간 아랫부분에 달린다. 꽃받침은 피침형이고 가장자리에는 톱니가 있으며 끝은 예두이다. 꽃받침 뒤쪽은 깊게 갈라진다. 꽃잎의 길이는 10.3~18.6mm, 폭은 4.5~11.7mm이고 옆 꽃잎에는 털이 있다. 꽃뿔은 원통형이며 털이 없고 길이는 5.8~8.2mm이다. 수술은 5개이고, 씨방에는 털이 없다. 암술대의 윗부분은 보통 구형이지만

1 2
3 4 1-2 폐쇄화기의 잎 3-4 뿌리에서 발달하는 부정아

1 2 3 4 5

1 꽃 정면 2 꽃 안쪽_ 옆 꽃잎에 털이 있다. 3 녹색 꽃이 피는 일시적인 기형 종 4 꽃자루, 꽃받침, 씨방이 녹색인 변이 개체 5 꽃자루, 꽃받침, 씨방에 자색 반점이 있는 변이 개체

뚜렷하게 튀어나오지 않는 개체도 있고, 앞부분에는 부리가 있으며 연부가 약하게 발달한다.

열매와 종자

열매의 길이는 10~15mm이고 표면은 녹색 또는 암녹색인데 개체에 따라 자색 반점이 있는 것도 있으며 모양은 장타원형이다. 종자는 갈색 또는 진한 갈색이고 길이는 1.7~2.1mm이다.

생육 습성

여러해살이풀로, 다소 습기가 있는 산지 경사면을 좋아하지만 계곡 인근, 임도 주변, 등산로, 능선, 숲 속에서도 관찰된다. 또 저지대에서 덕유산 정상과 같은 고지대까지 다양하게 분포하며, 고지대에 분포하는 종류는 상대적으로 크기가 작다.

비슷한 종류

태백제비꽃의 종하 분류군인 단풍제비꽃(var. *takahashii* Nakai)은 잎이 1/3 이하로 갈라지거나 주맥에 가깝게 갈라지며, 때때로 소엽에 가까운 열편을 형성한다. 단풍제비꽃은 '단풍오랑캐', '단풍씨름꽃' 이라고도 부른다. 꽃 기관의 특징은 태백제비꽃, 남산제비꽃, 단풍제비꽃이 동일해서 잎의 형태로 구별한다. 태백제비꽃은 비교적 규칙적인 톱니를 가지며 잎이 갈라지지 않고, 단풍제비꽃은 열편을 형성하지만 뚜렷한 소엽병이 없는 단엽이며, 남산제비꽃(*V. chaerophylloides* (Regel) W. Becker)은 소엽이 있는 복엽이어서 다른 종들과 구분된다. 이러한 특징은 성숙한 잎뿐만 아니라 어린잎에서도 동일하게 나타난다. 이 세 종류가 함께 모여 생육하는 자생지를 자세히 관찰하면 여러 가지 형질이 중복되어 나타나는 중간형의 개체가 관찰되어 종을 동정하는 데 어려움이 있다. 이런 개체들에 대한 잡종 여부는 추가 연구가 필요하다고 판단된다.

태백제비꽃에 비해 잎은 긴 삼각형이고 꽃잎이 오글오글한 것은 오골제비꽃(var. *rugata* Y. Lee)이라 발표되어 있으나, 야외의 집단 내에서는 간혹 꽃잎이 불완전한 개체가 관찰되기도 한다. 그 채집 시기가 개방화가 시들어가는 시기인 것을 감안하면 검토가 요구되는 종이다. 꽃이 녹색인 개체는 초록태백제비꽃(for. *viridis* Y. Lee)이라 하여 품종으로 취급하는데, 기존 문헌들에서는 녹색 꽃이 피는 개체를 일시적인 변이체로 다루었다. 꽃의 향기가 진한 것은 사향제비꽃(*V. obtusa* (Makino) Makino)이라 하여 지리산 노고단에서 조사되었으나 태백제비꽃에 통합해야 한다는 의견도 있다.

태백제비꽃과 근연 분류군에 대한 검색표

1. 잎은 단엽이다.
    2. 잎 가장자리를 따라 규칙적인 거치를 갖는다 ······· var. *albida* 태백제비꽃
    2. 잎 가장자리에 불규칙한 거치가 있고 갈라진 조각은 열편을 형성한다 ··· var. *takahashii* 단풍제비꽃
1. 잎은 복엽이고, 5개의 소엽을 가지며, 2개의 측소엽은 각각 2개의 소엽으로 다시 나눠진다 ························ *V. chaerophylloides* 남산제비꽃

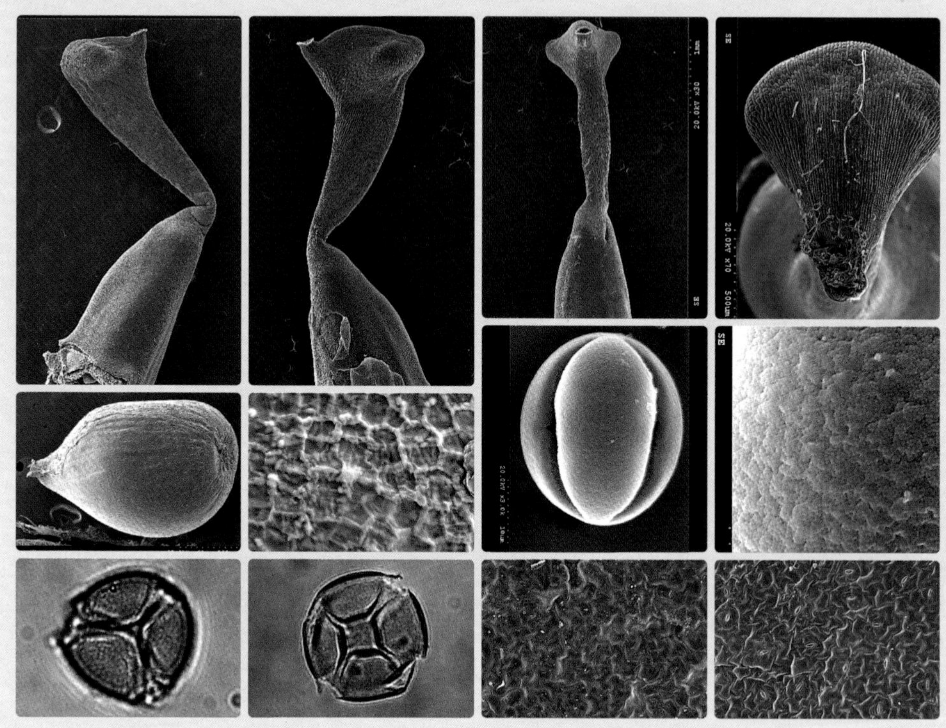

1	2	3	4
5	6	7	8
9	10	11	12

1-2 암술 측면 3 암술 정면_ 씨방에 털이 없다. 4 암술머리 윗면_ 앞쪽으로 부리가 신장하고 연부가 약하게 발달한다. 5 타원형 종자 6 종자는 표피세포를 따라 불규칙적으로 침적된 큐티클층이 있다. 7 꽃가루는 3~4공구형_ 적도면에서 본 3공구형 꽃가루 8 꽃가루 표면 무늬는 가느다란 망상형이며 표면은 평활하지 않다. 9 3공구형 꽃가루의 광학현미경 사진 10 4공구형 꽃가루의 광학현미경 사진 11 잎 앞면의 표피세포 12 잎 뒷면의 표피세포_ 기공이 많이 분포한다.

Provided from the Herbarium, University of Tokyo(TI)

사향제비꽃 표본

단풍제비꽃

1
2 3 4

1 단풍제비꽃(2008년 5월 4일_금대봉) 2 꽃 정면_ 안쪽이 녹색이며 아래 꽃잎에 자색 줄무늬가 있다. 3 꽃 안쪽_ 옆 꽃잎에 털이 있다. 4 꽃 측면, 꽃받침, 꽃뿔, 꽃자루에 털이 없으며 꽃받침은 뒤쪽이 갈라진다.

1 2
3 4 5 6
7 8 9 10

1 단풍제비꽃(2005년 4월 15일_계룡산) 2 부정아를 통해 연결된 개체들 3–10 잎의 변이_잎은 가장자리가 얕게 갈라지는 개체에서 복엽으로 보일 정도로 깊게 심열하는 개체까지 다양하게 나타난다.

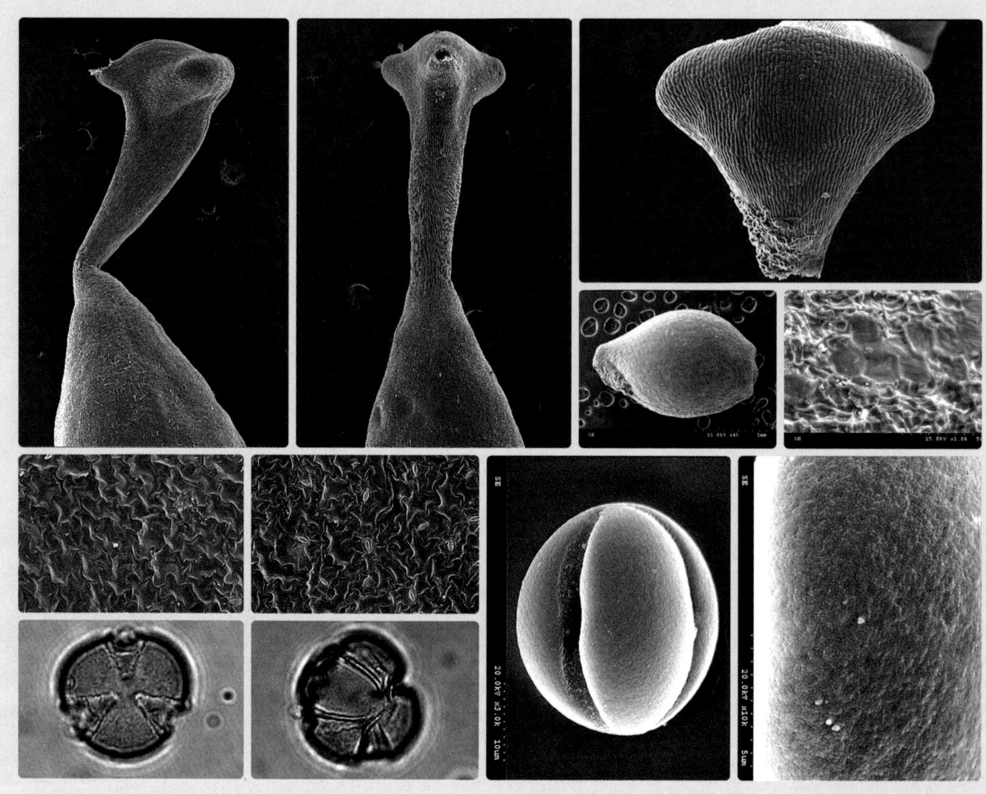

1 암술 측면 2 암술 정면_ 털이 없다. 3 암술머리 윗면_ 암술머리 둘레로 연부가 발달하고, 정부는 위로 솟아 있다. 4 타원형 종자 5 종자 표면에 불규칙한 큐티클층이 침적되어 있다. 6 잎 앞면 7 잎 뒷면_ 기공이 많이 분포한다. 8 꽃가루는 3~4공구형_ 적도면에서 본 3공구형 꽃가루 9 꽃가루 표면 무늬는 미세 망상형이며 표면은 울퉁불퉁하다. 10 3공구형 꽃가루의 광학현미경사진 11 4공구형 꽃가루의 광학현미경사진

각시제비꽃

Viola boissieuana Makino

우리나라의 식물 분포를 확인하는 종합 조사를 약 10년 동안 실시한 적이 있었다. 지금까지 우리나라에 살고 있는 식물 종류가 4000종이 넘느니 3000종을 넘느니 했던 것을 증거 표본들을 확보해 직접 확인하고 전국적으로 그 분포 지역을 알아보는 것이 목표였다. 우리나라의 식물 연구는 과거 주로 일본 학자에 의해 이루어졌을 뿐 그 이후 종합적으로 정리된 것이 없어 안타까웠는데 마침 좋은 기회가 되었다. 물론 훌륭하신 선배 학자들이 도감을 출간하기도 하고 국가에서도 식물을 연구하는 기관들을 운영하지만 각 종에 대한 증거 표본을 바탕으로 만들어진 목록집이나 도감은 없었던 것 같다.

10개 팀으로 구성된 조사단은 전국을 10개 정도의 구역으로 나누고 해마다 한 개 구역을 10팀이 세분하여 조사하는 방법으로 진행되었다. 매년 과제를 수행하다 보니 식물 분포를 조사하는 보람 외에 좋은 일도 생겼다. 예를 들면 조사를 돕는 대학원생들끼리 정보와 친분을 교류하는 장소가 되어, 시간이 지날수록 이들의 교분은 깊어졌다. 그러다 보니 자신들이 맡은 조사 지역에서 해야 할 일이 늘어났다. 서로 교류가 없을 때에는 자신이 전공하는 식물만 신경 쓰면 되었지만, 친분이 쌓이면서 서로를 배려하다 보니 다른 사람이 전공하는 재료가 눈에 띄어도 표본을 채집하고 DNA 시료를 만들어 주었기 때문이다. 누가 시킨 것도 아닌데 이렇게 끈끈한 인간관계가 형성되더니 서로의 경조사까지 챙기게 되었다. 전공 분야가 같다는 공감대를 바탕으로 서로 도우며 조사를 계속 수행할 수 있다는 것만으로도 행복한 일인데, 해마다 바뀌는 새로운 얼굴들을 만날 수 있다는 것은 이 연구를 신명나게 만드는 또 하나의 즐거움이었다.

우리 연구실은 제비꽃에 대한 연구를 한창 진행하고 있었고, 이미 식물분류학회에 발표를 한 터라 많은 회원들이 우리의 조사 사실을 알고 있었다. 한번은 한창 야외 채집에 열중하고 있는데 함께 간 대학원생의 전화가 울렸다. 밝은 표정으로 통화를 끝낸 학생은 제주도로 조사를 간 다른 학교 학생인데 희한한 제비꽃을 발견해 수집을 했으니 보내 주겠다고 했다는 것이다. 분류학을 전공하는 사람이라면 제비꽃 십여 종류쯤은 동정할 수 있었을 것이라고 추측이 되는데, 생김새가 전혀 다르게 보인다고 하니 우리로서는 은근히 기대가 되지 않을 수 없었다. 더구나 제비꽃을 수집하러 제주도를 다녀왔지만 조사에서 꼭 찾아야 할 몇 종류를 만나지 못했는데 전화로 이야기해 준 형태적 특징이 그중 한 가지일 것 같다는 확신이 들었기 때문이었다.

이틀 뒤에 도착한 택배의 하얀 비닐 속에는 바로 각시제비꽃이 들어 있었다. 애타게 찾아 헤맸지만 만나지 못했던 종류라 반가움이 컸다. 그 후에도 이런 과

각시제비꽃(2009년 4월 22일_제주도)

정을 거쳐 얻는 식물 재료는 계속 늘어갔고 지금까지도 서로 도움을 주고받고 있다. 그들의 도움을 받지 못했다면 일부러 제주도를 방문해야 하는 번거로움이 있었을 것이고, 그나마 시기를 놓치면 1년을 꼬박 기다려야 했을 것이다. 새색시 같은 모습의 각시제비꽃을 보고 있으면 늘 그때 전화를 받던 학생의 밝은 표정이 떠오른다.

각시제비꽃의 종소명 '*boissieuana*'는 스위스의 식물분류학자 'Boissieu'의 이름에서 유래되었고, 우리 이름은 삼각상 심장 모양으로 생긴 잎이 수줍은 각시를 닮아 붙여진 것 같다. '각씨제비꽃' 또는 '뫼오랑캐'라고도 부른다. 일본과 한국에 분포하며, 우리나라에서는 제주도에 분포한다.

형태적 특성

줄기와 뿌리

줄기는 없으며, 뿌리줄기는 짧고 가늘다.

잎

잎은 여러 개가 모여 나고 꽃이 핀 후에는 성장을 멈추거나 약간 커지며, 난상 타원형, 넓은 삼각형처럼 생겼고 길이는 1~3cm, 폭은 1~2cm 정도이다. 잎 표면에는 간혹 흰색 줄이 있고, 잎끝은 예두, 밑부분은 깊은 심장 모양이며 가장자리에는 파도 모양의 톱니가 있다. 잎에 털은 거의 없으며, 잎자루는 2~7cm이다. 턱잎은 피침형이며 막질이고 가장자리에 털이 있다.

꽃

꽃은 좌우 대칭이며 지름은 1cm이고 4~5월에 흰색으로 핀다. 모든 꽃잎에 자색 줄무늬가 있고, 꽃자루는 길이 5~10cm이며 중간에 작은 잎 모양의 포가 있다. 꽃받침은 피침형이고 길이는 3~4.5mm이며, 끝은 예두이고 뒤쪽이 갈라지지 않는다. 꽃잎은 길이 7~10mm이고 옆 꽃잎에 털이 있다. 일반적으로 제비꽃속 식물은 아래 꽃잎의 길이가 다른 꽃잎에 비해 길게 나타나지만, 각시제비꽃은 상대적으로 아래 꽃잎이 작은 개체들이 확인되었다. 꽃뿔은 원통형으로 짧고 길이는 2~3mm이다. 수술은 5개이고, 씨방에는 털이 없다. 암술대는 원통형이고 윗부분은 부리가 있는데 짧고 편평하며 연부가 발달한다.

열매와 종자

열매는 4~6mm 정도이고 진한 녹색에 자색 반점이 있으며, 타원 또는 계란 모양이고 털은 없다. 종자는 갈색 또는 짙은 갈색으로 길이는 1~1.5mm 정도이다.

1 개방화기 잎의 형태 2 꽃 정면 3 꽃 안쪽_ 옆 꽃잎에 털이 있다.

생육 습성

여러해살이풀로, 그늘진 숲 속, 산지 경사면 등에 흩어져 자란다.

비슷한 종류

형태적으로는 뫼제비꽃(*V. selkirkii* Pursh ex Goldie) 또는 자주잎제비꽃(*V. violacea* Makino)과 유사하지만, 두 종 모두 자색 꽃을 피워 구별된다. 뫼제비꽃의 잎은 상대적으로 원형의 깊은 심장저, 자주잎제비꽃은 난상 타원형에 심장저를 가지는데 비해 각시제비꽃은 삼각상 또는 넓은 삼각상의 잎을 가져 구별된다.

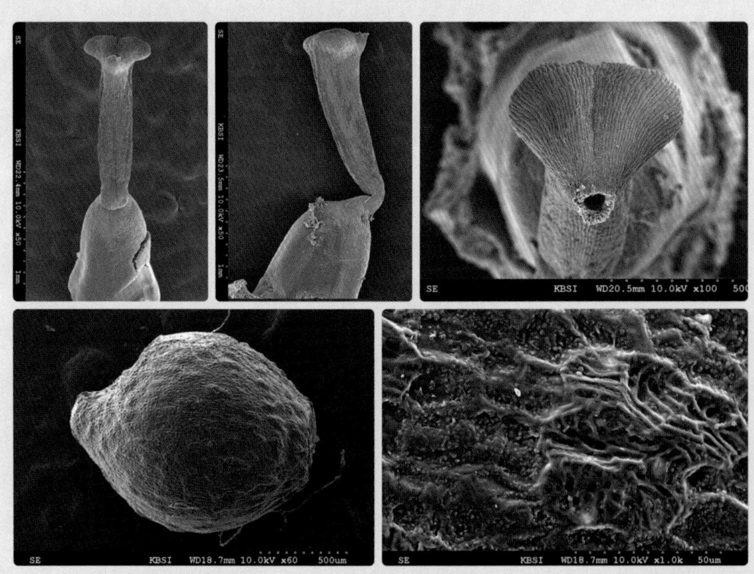

1 2 3 / 4 5

1 암술 정면 2 암술 측면 3 암술머리 윗면_ 부리가 짧고 연부가 발달한다. 4 종자는 타원형 또는 원형(사진) 5 종자 표면에 벌집 모양으로 큐티클층이 침적되어 있어 울퉁불퉁하다.

잔털제비꽃

Viola keiskei Miq.

그림을 잘 볼 줄은 모르지만 사람 손으로 어떻게 저런 것을 그릴 수 있었을까 감탄하게 되는 일이 종종 있다. 그리려는 대상을 보고 그 느낌을 표현해야 하니 그야말로 예술적 소질이 없으면 할 수 없을 것 같다. 요즘은 세밀화라는 것이 인기다. 어떤 특정한 생물 종을 있는 그대로 표현해 내는 것으로, 상상이나 느낌이 아니라 사실 그대로를 그리는 것이다. 때로는 해부현미경을 보고 확대경으로 미세한 구조까지 일일이 확인하여 표현하기도 한다. 그런 까닭에 잘 그려진 세밀화 한 장은 글로 길게 표현하는 것보다 훨씬 더 이해하기 쉬울 때가 많다. 그래서 매년 국립생물자원관이나 국립수목원에서는 세밀화 공모전을 열어 작가를 발굴해 시상하기도 하며, 식물을 소재로 세밀화만으로 책을 꾸며 발간하기도 한다. 미국 스미소니언 자연사박물관에서 연구할 때에 나 말고 한국 사람이라곤 곤충학과에 딱 한 분이 근무하고 계셨다. 그분은 곤충 세밀화를 그리셨는데 한국에서 미국으로 건너간 지 40여 년이 되도록 오로지 이 분야에만 전념한 전문가였다. 그럼에도 그 분은 세밀화는 그리면 그릴수록 점점 더 어려워지는 분야라고 했다. 말씀은 그렇게 하셨어도 분명 뭔가 매력이 있으니까 평생을 세밀화에만 매달려 있었을 것이라는 생각이 들었다.

제비꽃 종류 중에도 숲의 풍경을 담을 수 있는 수채화나 세밀화의 자료가 되어줄 만한 아름다운 모습을 가진 종류가 있다. 바로 잔털제비꽃이다. 몇 년 전 천문대로 유명한 경상북도 영천의 보현산에 갔었다. 산의 규모가 크지만 산보다는 골짜기들이 아름다운 곳으로, 여유롭게 이곳저곳을 걷다가 졸졸졸 물소리가 나고 사람이 다녀간 흔적이 있는 곳 주변에서 봄 식물들을 살펴보기로 했다. 조금씩 안쪽으로 들어갈수록 여러 종류의 초본식물이 앞을 다투어 겨울잠에서 깨어나 기지개를 켜고 있었고, 부지런한 종류는 이미 꽃을 피워 내달고 있기도 했다.

그중 하나가 잔털제비꽃인데, 주변에 흐르는 물과 바닥의 진한 황갈색 흙과 어우러져 피어 있는 흰 꽃이 마치 한 폭의 산수화 같이 멋진 풍광을 연출하고 있었다. 사진을 찍으려고 잘생긴 놈을 골라 사진기 접안 창에 눈을 갖다 댔더니 그 속에는 잔털제비꽃이 한껏 함박웃음을 짓고 서 있었다. 잎사귀에 뽀얗게 나 있는 하얀 털은 덜 가신 추위에 대항이라도 하려는 듯이 여러 개가 뾰족하게 튀어나와 있고 하얀 꽃잎은 눈이 부실 정도로 싱그러웠다. 이 모습을 마음 가는 대로 그릴 수 있다면 얼마나 좋을까 하는 생각도 잠깐이고, 그림 그리기에 소질이 없으니 그저 열심히 카메라 셔터만 눌러 댔다. 화려해 보이기도 하지만 보여지는 특징 하나하나가 모두 매력적으로 그야말로 잔털제비꽃은 매력덩어리였다.

잔털제비꽃의 종소명 '*keiskei*'는 일본의 식물학자 이름에서 기원한 것이며,

잔털제비꽃(2006년 4월 21일_보현산)

우리 이름은 식물체에 나 있는 털을 나타낸 것이다. '잔털오랑캐', '둥근잔털제비꽃', '둥근잎제비꽃', '털둥근잎제비꽃'이라고도 부른다. 어린순은 나물로 먹기도 한다. 일본과 한국에 분포하며, 우리나라에는 평안북도와 함경남도 이남 지역에서 자란다.

형태적 특징

줄기와 뿌리

지상부에 줄기는 없으며, 뿌리줄기는 두껍고 짧으며 직립한다. 뿌리는 옆으로 뻗으며 두껍고 흰색 또는 담황색이다.

잎

잎은 여러 개가 모여 나고 꽃이 핀 후에도 자란다. 모양은 난상 원형이고 길이는 5~6cm, 폭은 1.5~5cm이며, 잎끝은 둥글거나 예두, 아래는 깊은 심장저이고 가장자리에는 파상의 톱니가 있으며 털이 많다. 잎자루는 3~10cm이고 털이 약간 있다. 턱잎은 넓은 선형으로, 길이는 1.2~2.5cm이고 털이 있으며 가장자리에 톱니가 있다.

꽃

꽃은 좌우 대칭이고 지름은 1.5~2.5cm이며 4~5월에 흰색으로 피는데 안쪽은 초록색이다. 꽃자루는 길이 5~10cm쯤이고 드물게 털이 있는데 특히 아래쪽에 많다. 잎 모양의 소포는 선형으로 꽃자루의 중간 부분에 위치한다. 꽃받침은 넓은 피침형이며 뒤쪽은 약간 갈라지고 털은 있거나 없다. 길이는 0.6~1.2cm이고 가

장자리에는 2~3개의 톱니가 있으며 끝은 예두이다. 꽃잎은 길이 10~14mm이고 옆 꽃잎에는 털과 연한 자색 줄이 있으며, 가장 아래쪽 꽃잎 역시 뚜렷한 자색 줄이 있다. 꽃뿔은 원통형이고 길이는 6~7mm이다. 수술은 5개이고, 씨방에는 털이 없다. 암술대의 윗부분은 편평하며 뚜렷한 돌출부가 있어 곤충의 머리 모양과 비슷하고 앞부분에는 짧은 부리가 있다. 암술머리 주변으로는 연부가 발달한다.

1 2
3
4

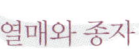

1 꽃 정면_ 옆 꽃잎에 털이 있다. 2 개방화기의 잎 앞면 3 폐쇄화기의 잎 앞면 4 폐쇄화기의 잎 뒷면

열매와 종자

열매의 길이는 6~9mm 정도이고, 표면은 진녹색에 흑자색 반점이 있으며 긴 타원형이다. 종자는 진한 갈색으로 길이는 1.7~1.8mm이다.

생육 습성

여러해살이풀로, 다소 건조한 산지 경사면, 노변, 등산로와 숲 속의 햇빛이 비교적 잘 드는 곳에서도 자란다. 주로 저지대에서 산 중턱까지 분포한다.

비슷한 종류

둥근털제비꽃(*V. collina* Besser)과 비슷하지만 둥근털제비꽃은 꽃받침 조각, 열매, 씨방에 털이 있어 구별된다.

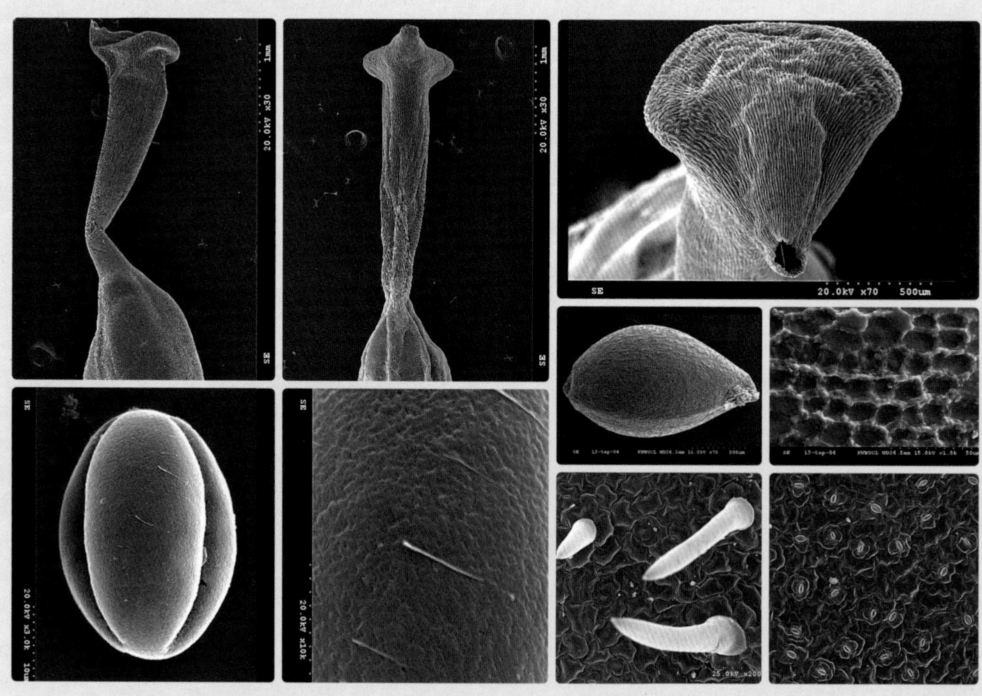

1 암술 측면 2 암술 정면 3 암술머리 윗면_ 부리가 짧고 연부가 암술머리 주변에 발달한다. 4 타원형 종자 5 종자 표면에는 4각형 또는 5각형의 울퉁불퉁한 돌기가 분포한다. 6 적도면에서 본 3공구형 꽃가루 7 꽃가루 표면 무늬는 가느다란 망상문이며 표면은 편평하지 않다. 8 잎 앞면의 표피세포 9 잎 뒷면의 표피세포_ 기공이 많이 분포한다.

알록제비꽃

Viola variegata Fisch. ex Link

강원도 철원군에 가면 화천군과의 경계에 해발 1057미터의 복계산이 있다. 한 방송국에서 「임꺽정」이라는 드라마를 촬영하기 위해 지어 놓은 세트장을 보러 한때 관광객들로 붐볐던 곳이다. 계곡의 물줄기가 시원하고 산도 그리 험하지 않은데 수도권에서 접근하기도 쉬워 찾는 사람들이 꾸준히 늘고 있다. 실은 매월당梅月堂 김시습 선생이 여덟 명의 의사와 관직을 버리고 은거하던 매월대가 더 유명한 곳이다.

그곳에 가면 재미있는 일이 있는데, 바로 길을 안내하는 개가 있다. 얼굴 생김새는 진돗개를 닮았는데 복계산을 오르는 사람들을 좋아해 잘 따른다. 한번은 복계산을 등반하기로 하고 자동차로 이동하면서 내심 그 강아지의 안내를 받으면 좋겠다는 생각을 했다. 등산객이 한두 팀이 아닐 테니 행여 우리보다 앞서 출발

1 알록제비꽃_ 1 2005년 4월 14일 명지산 2 2006년 4월 25일 춘천시 매봉
2

1 2 1 알록제비꽃(2006년 5월 4일_봉화산) 2 흰색 꽃이 피는 알록제비꽃(2011년 5월 1일_영월)

알록제비꽃 군락(2011년 5월 28일_덕적도)

한 사람들을 따라 올라갔으면 어쩌나 걱정을 하며 등산로 입구로 갔다. 주차를 하고 산에 오를 채비를 하고 있는데 개 한 마리가 우리를 반갑게 맞아 주었다. 마치 어서 오세요 하는 표정으로 자동차 주위를 빙글빙글 돌며 살랑살랑 꼬리까지 쳤다. 그런 행동만으로도 이 녀석이 유명한 복계산의 길 안내견이란 것을 알아챌 수 있었다. 우리 일행은 모두 원하던 대로 녀석의 안내를 받을 수 있다는 생각에 한결 가벼운 발걸음을 옮겼다. 녀석은 선두 그룹 주변을 앞뒤 좌우로 돌아다니는 것으로 안내를 시작했다. 멀리 떨어져야 불과 2~3미터 정도로 늘 주변을 맴돌았으며 뱀이나 다람쥐 등이 있을 법한 곳에서는 소리를 내며 이곳저곳을 들쑤시고 다녔다. 정상에 도착할 때까지 이런 방식의 안내는 계속되었고, 덕분에 힘들이지 않고 즐겁고 편안한 산행을 할 수 있었다. 녀석의 안내는 산에서 내려올 때까지도 계속되어 주차장까지 배웅을 했다. 똑같은 산을 오르는데 특별한 것 없는 강아지 한 마리의 안내가 이렇게 즐거움을 줄 수 있다는 사실에 녀석이 그저 대견스러울 따름이었다.

그렇다면 녀석처럼 길잡이를 해줄 수 있는 식물은 없을까? 이동성이 있는 동물과는 달리 식물은 좀 어려울 것이다. 특히 성장 조건이 식물마다 달라 계곡, 능선, 비탈면 등 자라는 장소가 다르기 때문에 딱 꼬집어 이것이라고 말할 수가 없다. 혹시 제비꽃 중에서 찾으라면 가능할지도 모르겠다. 바로 알록제비꽃 때문이다. 이름대로 잎에 알록달록한 무늬가 있고 잎 뒷면이 자색이어서 다른 종류와는 금방 구별이 된다. 알록제비꽃은 많은 개체가 한꺼번에 자라는 종류는 아니다. 약간 습하거나 능선의 양지쪽을 중심으로 듬성듬성 분포하는데 산 밑에서 정상부까지 고른 분포를 보여 산행의 길잡이 식물로 손색이 없다. 산들바람이라도 불어 주면 녹색과 흰색 무늬가 조화로운 잎의 앞면과 자색을 띠는 뒷면이 흔들리며 어여쁜 볼거리를 제공한다. 꽃이 지고 난 뒤에도 잎은 끝까지 남아 있어 겨울이 되기 전까지는 그 모습을 볼 수 있다.

알록제비꽃의 종소명 '*variegata*'는 무늬가 있다는 뜻으로 잎의 특징을 설명한 것이고, 우리 이름 역시 잎의 무늬를 보고 붙였다. '청자오랑캐', '알록오랑캐', '얼룩오랑캐'라고도 부른다. 어린순은 나물로 먹는다. 러시아(다후리아, 아무르, 우수리), 일본, 중국(만주), 한국에 분포하며, 우리나라에는 전국의 산지 숲 속에서 자란다.

형태적 특징

줄기와 뿌리

전체에 드문드문 털이 있다. 뿌리줄기는 두껍고 짧으며, 뿌리는 가늘고 흰색이다.

잎

잎은 여러 개가 모여 뭉쳐나기하고 꽃이 핀 후에도 자란다. 잎의 모양은 원형 또는 드물게 난상 원형이며 길이 2~5cm, 폭 1.5~3cm이다. 잎끝은 둥글고 밑부분은 심장 모양이며, 가장자리에 얕은 둔거치가 있고 양면에 털이 약간씩 있다. 잎의 앞면은 연한 녹색이며 흰색 줄이 있고 뒷면은 자색을 띤다. 잎자루는 2~5cm이며 털이 있다. 턱잎은 선형이고 길이는 0.8~1.5cm이며 톱니가 있다. 잎의 흰 무늬 정도는 개체마다 다소 차이가 있으며, 뒷면의 자색도 개체 변이를 보인다.

꽃

꽃은 좌우 대칭이며 지름은 1.5~1.8cm이고, 보통 4~5월에 진한 홍자색으로 피는데 진한 것부터 흰색에 가까운 것까지 변이가 매우 심하다. 꽃자루는 길이가 2~10cm 정도이며 털이 있다. 작은 잎 모양의 소포는 선형으로 꽃자루의 중간 윗부분에 달린다. 꽃받침은 피침형이고 길이는 0.6~1.2cm이며, 가장자리는 밋밋하고 끝은 예두로 털이 있으며 뒷부분이 약간 갈라진다. 꽃잎은 길이가 8~

11mm이며 모두 연하거나 진한 자색 줄이 있다. 꽃 안쪽은 초록색이며 옆 꽃잎에는 연모가 있다. 꽃뿔은 원통형이며 길이는 6~8mm이다. 수술은 5개이고, 씨방에는 털이 많다. 암술대 윗부분은 편평하며 뚜렷한 돌출부가 있어 곤충의 머리 모양과 비슷하고 앞부분에는 짧은 부리가 있다. 연부는 옆으로 다소 넓게 신장한다.

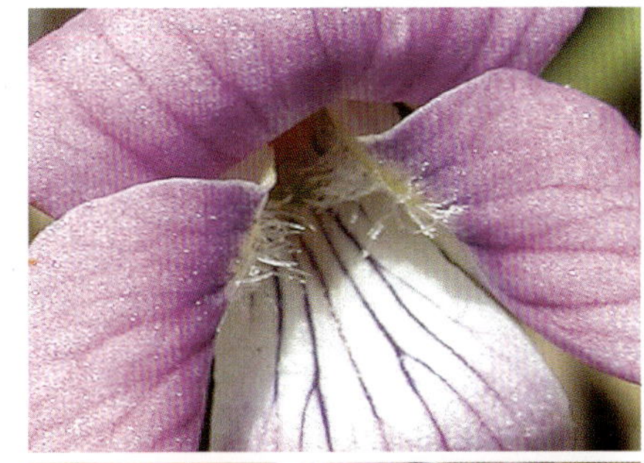

1 꽃 안쪽_ 옆 꽃잎에 털이 있다. 2 꽃 측면

열매와 종자

열매는 장타원형이고 길이가 6~9mm이며, 표면은 진녹색에 흑자색 점이 있고 털이 있다. 종자는 갈색 또는 진한 갈색이며 길이는 1.5~1.7mm이다.

생육 습성

여러해살이풀로, 햇빛이 잘 드는 임도 주변, 경사면, 숲 가장자리 등을 선호하지만, 어느 정도 햇볕이 차광되는 등산로나 숲 속에서도 자란다.

비슷한 종류

형태는 잔털제비꽃(*V. keiskei* Miq.)과 비슷하지만 잔털제비꽃은 잎 뒷면이 녹색이고 앞면에 줄무늬가 없으며, 꽃이 흰색이고 씨방과 열매에 털이 없어 구별된다.

알록제비꽃과 유사하나 잎 앞면에 무늬가 없고 꽃이 담홍자색으로 피는 것을 자주알록제비꽃(var. *chinensis* Bunge ex Regel)이라 하며 '자지오랑캐', '좀알록제비꽃', '자주오랑캐'라고도 부른다. 또 잎 뒷면에 자줏빛이 돌지 않는 것은 청알록제비꽃(var. *ircutiana* Regel)이라 하여 변종으로 취급하지만 모종에 통합하는 견해도 있다.

알록제비꽃과 종내 분류군에 대한 검색표

1. 잎 앞면에 흰색 무늬가 있다.
   2. 잎 뒷면이 자색이다 ······························ var. *variegata* 알록제비꽃
   2. 잎 뒷면이 녹색이다 ······························ var. *ircutiana* 청알록제비꽃
1. 잎 앞면에 흰색 무늬가 없다 ······························ var. *chinensis* 자주알록제비꽃

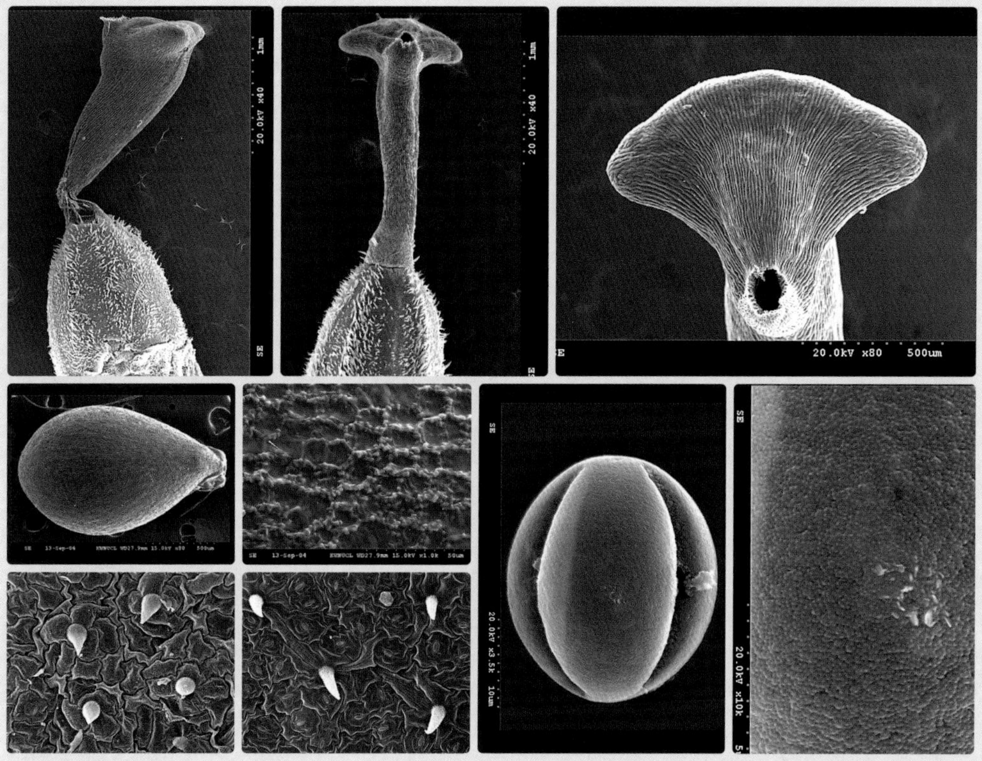

1 암술 측면　2 암술 정면_ 씨방에 털이 있다.　3 암술머리 윗면_ 짧은 부리가 있고 연부는 옆으로 넓게 신장한다.　4 타원형 종자　5 종자 표면에는 4각형~5각형으로 울퉁불퉁하게 돌출된 큐티클층이 있다.　6 꽃가루는 3~4공구형_ 적도면에서 본 3공구형 꽃가루　7 꽃가루의 표면 무늬는 세망상문이며 표면은 과립 형태로 울퉁불퉁하다.　8 잎의 앞면_ 짧은 털이 있다.　9 잎의 뒷면_ 짧은 털이 있으며 기공이 많이 분포한다.

자주알록제비꽃

알록제비꽃과 외부 형태와 생육 습성이 매우 비슷한 자주알록제비꽃(2009년 6월 13일_월악산)

1 2 1 폐쇄화기의 잎 앞면 2 알록제비꽃과 자주알록제비꽃의 혼생

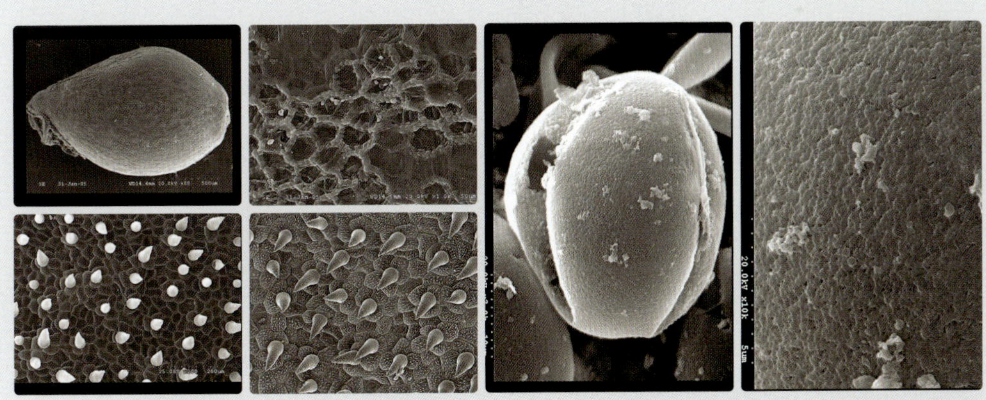

1 2 3 4
5 6

1 타원형 종자 2 종자 표피에는 4각형 또는 5각형의 큐티클층이 침적되어 있다. 3 꽃가루는 3~4공구형_ 적도면에서 본 3공구형 꽃가루 4 꽃가루 표면 무늬는 세망상문이며 표면은 울퉁불퉁하다. 5 잎의 앞면_ 짧은 털이 있다. 6 잎의 뒷면_ 짧은 털이 있으며 기공이 분포한다.

털제비꽃

Viola phalacrocarpa Maxim.

새 학기가 되면 똑같은 이름을 가진 학생이 같은 반이 될까 조바심을 내던 친구가 있었다. 같은 이름의 친구가 한 반인 것이 나쁜 일은 아니지만 헷갈리니 귀찮기는 했을 것이다. 한 사람 또는 생물을 한 단어로 대변하는 것이 이름이기 때문에 그 주인의 개성을 잘 드러낼수록 좋다. 그러다 보니 사람들은 비싼 대가를 치르더라도 작명소를 찾아가 좀 더 나은 이름을 얻기도 한다. 보통 작명소에서는 태어난 날짜와 시간을 따져서 이름을 짓는다는 얘기를 들은 적이 있다. 사주팔자가 이름을 짓는 데 중요하기 때문이란다. 부르기 좋고 의미 있으며, 같은 이름이 흔하지만 않다면 충분할 텐데 복을 비는 사람의 욕심은 끝이 없는 것 같다.

식물이나 동물의 이름도 마찬가지로 같은 이름이 없어야 헷갈리지 않아 좋고,

어렵지 않아야 기억하기 쉬워서 편하다. 식물 중에 쉽게 이름을 기억할 수 있는 유형이 몇 가지 있다. 우선 처음 발견된 장소의 이름을 따서 붙이는 것이다. 주로 지명이나 산의 이름을 붙이는 것으로, 지리산고사리, 한라솜다리, 금강초롱꽃 등이 해당된다. 이렇게 우리나라를 대표할 만한 산의 이름이 붙여진 분류군을 헤아려 보니 지리산은 17종류나 되고 한라산이 15종류, 금강산이 12종류로 그 뒤를 잇는다. 두 번째는 그 식물의 특징을 부각시켜 이름에 붙이는 것이다. 크기가 작으면 이름 앞에 '좀', '작은'이란 단어가 붙고, 크면 '큰', '왕' 자를 붙인다. 또 섬 지역에서 자생하는 것에는 '섬' 자가 붙는 식이다. 형태 중에서는 털이 있고 없고가 차이를 구분하는 확실한 방법 중의 하나이다. 식물체 전체에 털이 있든지 아니면 특정한 부위에만 있든지 간에 털의 유무는 종을 구분하는 데 중요한 요소로 작용하며, 만약 털이 있을 경우에는 여지없이 이름에 '털' 자가 붙는다. 식물도감을 보며 헤아려 보니 무려 143종류나 된다.

제비꽃 종류 중에도 온통 털로 뒤덮여 있어 털제비꽃이라 이름 붙여진 식물이 있다. 이름에 걸맞게 잎과 꽃자루, 꽃받침, 꽃잎 안쪽, 씨방까지 온통 흰색 털로 뒤덮여 있다. 모습을 보고 이름을 알아내기에 가장 쉬운 제비꽃 중의 하나이지만 이것 역시 변이가 있다. 털의 분포 정도가 약간씩 다르고 아예 털이 없는 개체가 발견되기도 한다. 양지쪽에서 만날 수 있는 털제비꽃은 늦은 봄까지 심술을 부리는 동장군도 끄떡없이 버텨 낸다. 식물체에 보송보송 나 있는 털들이 온몸을 따뜻하게 해주는 난로의 역할을 하기 때문일 것이다.

털제비꽃의 종소명 '*phalacrocarpa*'는 '열매에 털이 없다'라는 뜻인데 실제로는 털제비꽃의 열매에는 짧은 털이 있다. 왜 이런 이름이 붙여졌는지는 알 수 없다. 그러나 우리 이름은 전체에 나 있는 털을 잘 표현하고 있다. '털오랑캐',

털제비꽃(2005년 4월 14일_명지산)

1
2 3 4
1 폐쇄화기로 접어든 개체 2 폐쇄화기의 잎 앞면 3 개방화기의 잎 앞면 4 개방화기의 잎 뒷면

1 2 3 1-3 꽃 색깔의 변이

'털씨름꽃' 이라고도 부른다. 러시아(아무르, 우수리), 일본, 만주를 포함한 중국, 한국에 분포하며, 우리나라에는 전도의 저지대 양지바른 곳에서 자란다.

형태적 특징

줄기와 뿌리

전체에 털이 밀생한다. 지상부에 뚜렷한 줄기는 없으며, 뿌리줄기는 굵고 짧다.

잎

잎은 여러 개가 함께 나와 뭉쳐나기하고 개방화가 시든 후에도 자라며 난형 또는 장타원형인데 가끔 타원형이나 좁은 난형을 보이기도 한다. 잎의 양면에 털이 밀생하나 개체에 따라서는 다소 털이 적은 것도 있다. 잎의 길이는 1~3cm, 폭은 0.8~2.5cm이고, 끝은 예두, 밑부분은 아심장 모양이며 가장자리에는 둔한 톱니가 있다. 잎자루는 3~10cm이고 좁은 날개가 있으며 털이 많다. 턱잎은 잎자루와 붙은 상태합생로 자라며, 넓은 선형으로 길이는 1.8~2.3cm이다.

꽃

꽃은 좌우 대칭이고 지름은 1.8~2cm이며 4~5월에 홍자색으로 핀다. 꽃잎 안쪽은 흰빛이 돌며, 모든 꽃잎에 자색 줄무늬가 있다. 꽃자루는 길이 5~10cm이며 털이 있다. 작은 잎 모양의 소포는 선형이고 꽃자루의 중간 윗부분에 달린다. 소포의 가장자리에는 톱니가 있고 끝은 예두이며 털이 있다. 꽃받침은 넓은 피침형이고 끝은 예두이며 역시 털이 있다. 꽃받침 뒤쪽은 갈라지지 않거나 얕게 갈라진다. 꽃잎은 길이가 10~13mm이며 옆 꽃잎 안쪽에 털이 있다. 꽃뿔은 원통형이고 털이 있으며 길이는 6~8mm이다. 수술은 5개이고, 씨방에는 털이 밀생한다. 암술대의 윗부분은 편평하며 연부가 뚜렷하게 돌출하여 곤충의 머리 모양과 비슷하고 앞부분에는 부리가 있다.

1 **꽃 안쪽**_ 옆 꽃잎에 털이 있다. 2 꽃 측면과 꽃자루

열매와 종자

열매의 길이는 6~8mm 정도로, 짙은 녹색에 적자색 반점이 있으며 긴 타원형이고 짧은 털이 많다. 종자는 황갈색 또는 진한 갈색이며 길이는 1.6~1.9mm이다.

생육 습성

여러해살이풀로, 임도, 길가, 등산로 주변, 낮은 산지 경사면 등 주로 해가 잘 드는 곳에 자란다. 일본에서는 고산 초원 지대에서 자라는 것도 확인되었으며 잎의 크기도 1cm 정도로 작았다.

비슷한 종류

형태적으로는 서울제비꽃(*V. seoulensis* Nakai)과 비슷한데, 서울제비꽃은 잎이 장타원형 내지 넓은 피침형 또는 난상 타원형이라 상대적으로 삼각상이다. 또 꽃뿔과 씨방에 털이 없으며, 꽃이 연한 자색이어서 구별된다. 털제비꽃에 비하여 옆꽃잎 안쪽을 제외한 전체에 털이 없는 것을 민둥제비꽃(for. *glaberrima* (W. Becker) F. Maek.)이라 하며 '대둔산오랑캐', '민둥산제비꽃', '털제비꽃' 이라고도 부른다. 민둥제비꽃에 비해 흰색 꽃이 피는 개체는 흰민둥제비꽃(for. *alba* Y. Lee)이라 한다. 털제비꽃과 비슷하나 잎이 둥근 형태를 띠며 '이시도야오랑캐' 라고도 불렸던 이시도야제비꽃(*V. ishidoyana* Nakai)이 있지만 모종에 통합하는 견해도 있다.

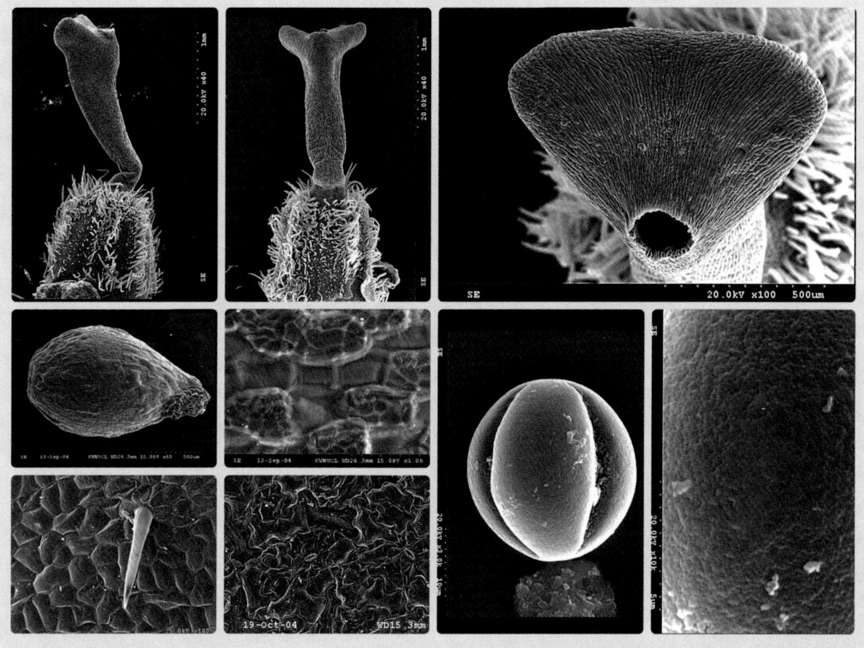

1	2	3	
4	5	6	7
8	9		

1 암술 측면 2 암술 정면_ 씨방에 털이 있다. 3 암술머리 윗면_ 편평하며 가장자리에 연부가 뚜렷하게 돌출한다. 4 타원형 종자 5 종자 표면에 벌집 모양으로 큐티클층이 침적되어 있다. 6 꽃가루는 3~4공구형_ 적도면에서 본 3공구형 꽃가루 7 꽃가루의 표면 무늬는 가느다란 망상문이며 표면은 울퉁불퉁하다. 8 잎 앞면_ 표피세포는 각이 져 있는 모양이다. 9 잎 뒷면_ 앞면에 비해 표피세포는 파상형이고 기공이 분포한다.

SE WD23.1mm 10.0kV x35 KBSI 1mm

민둥제비꽃

민둥제비꽃(2008년 4월 12일_백적산)

1 꽃 측면, 꽃받침, 꽃뿔, 꽃자루에 털이 없다. 2 꽃 정면_ 옆 꽃잎에 털이 있다. 3 개방화기의 잎 앞면 4 폐쇄화기의 잎 앞면 5 폐쇄화기의 잎 뒷면

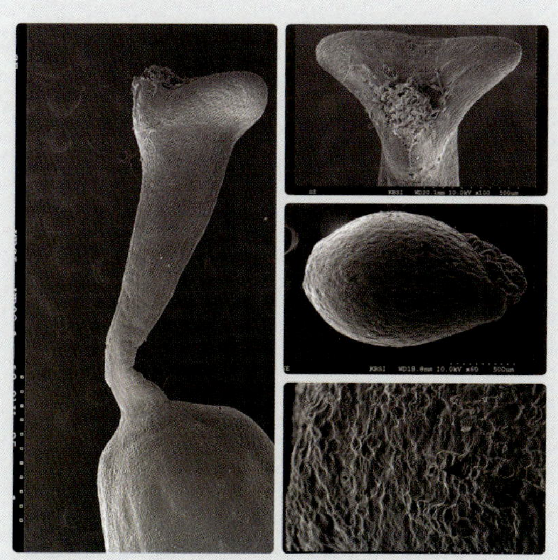

1 암술 측면_ 털이 없다. 2 암술머리 윗면 3 타원형 종자 4 종자 표면은 불규칙한 큐티클층이 있다.

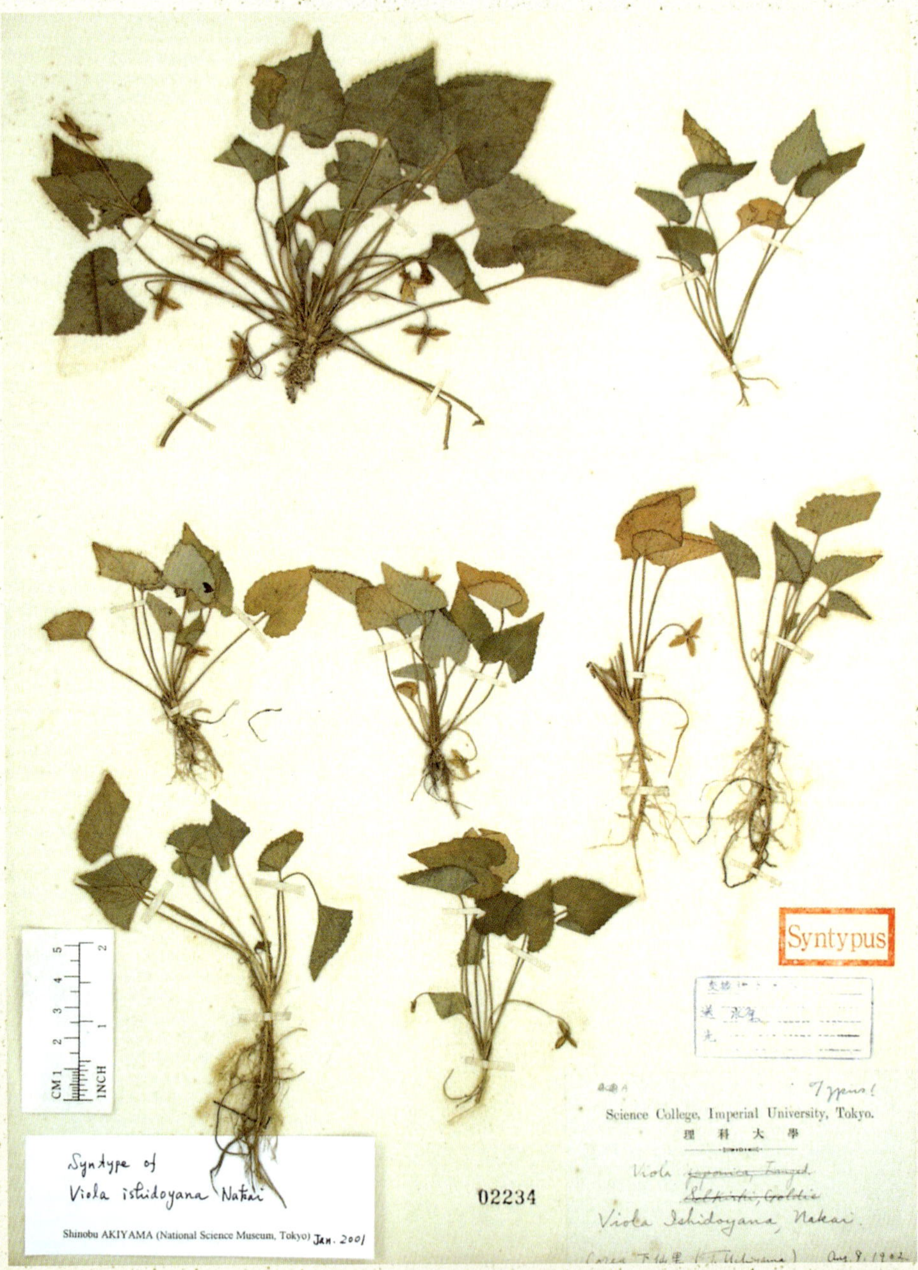

Provided from the Herbarium, University of Tokyo(TI)

이시도야제비꽃 표본

서울제비꽃

Viola seoulensis Nakai

식물 이름에 지명이 붙어 있으면 훨씬 기억하기가 쉽다. 중요한 형태적 특징을 잡아 만든 이름과 비교한다면 종을 구별하는 데는 다소 어려움이 있을 수도 있지만 분포는 정확하게 알 수 있다. 처음 발견된 지명을 이름에 붙인 종류들은 특별한 문제가 없는 한 여전히 그 이름으로 불리고 있다. 다만 새로운 분포지가 이어서 발견되는 종류들이 있어 최초 발견지의 의미가 축소되는 것은 있다. 예를 들어 지리산에만 자라는 것으로 알려졌던 어떤 식물이 종합적인 조사를 수행했더니 설악산, 금강산, 한라산 등에도 분포하는 것이 확인되었다면 우리나라 전역에서 자란다고 해도 과언이 아닌데 이름의 유래를 모르는 사람들은 분포지를 오해하거나 잘못 붙인 이름이라고 타박할 수도 있기 때문이다.

서울제비꽃(2006년 4월 27일_치악산)

우리나라에 분포하는 제비꽃 종류 중에도 이름에 지명이 포함되어 있는 분류군이 여럿 있다. 남산제비꽃, 서울제비꽃, 갑산제비꽃, 장백제비꽃, 금강제비꽃, 태백제비꽃 등이 대표적인데, 현재 분포하는 곳을 살펴보면 어느 것 하나 이름에 드러낸 곳만을 분포지로 하는 종류는 없다. 북한에 분포하는 종류들은 차치하고 남한에 분포하는 몇 가지를 예로 들어 보면, 먼저 우리나라 남쪽의 어느 산에서 처음 발견되어 남산제비꽃이란 이름이 붙여진 종류가 있다. 그런데 실제 분포는 민간인 통제 구역에서 제주도까지 전국적이다(실제로 남산제비꽃은 1861년에 처음 채집되었는데 그 장소는 분명하지 않다). 금강제비꽃도 금강산에서 처음 보고되었지만 남쪽으로는 지리산까지 분포하고 있다. 태백제비꽃은 전국적으로 분포하고 기준 표본의 채집지도 경기도인데 엉뚱하게 태백이라는 이름을 가진 식물이다.

서울제비꽃 역시 이름만 듣고는 서울에 가면 흔하게 볼 수 있을 것 같다. 학명에까지 버젓이 서울에만 분포한다고 했으니 의심의 여지가 없어 보인다. 그러나 서울보다는 전국에 드물게 분포하는 것으로 알려져 있고, 경기도의 일부 지역에 군락을 형성하고 있다고 하니 분포가 많이 넓어진 셈이다. 처음 학계에 분포가 보고되었을 무렵 사용한 기준 표본들은 대부분 서울의 서대문 근처나 남산 등에서 채집된 것이었다. 그렇지만 처음 보고된 1918년 이후 약 90여 년이나 흘렀고, 서울은 빠른 도시화로 건물이 늘고 아스팔트로 길이 덮이면서 흙을 밟을 수 없는 곳으로 변해 버렸다. 처음 발견될 무렵에는 흔하게 볼 수 있었지만 이젠 식물들이 살기 어려운 환경으로 변해 버려 점점 찾아보기 힘든 주인공이 된 것이다. 서울제비꽃의 자생지 분포는 대폭 수정해야 하지만 이름까지 바꾸기는 어렵다. 이는 비단 서울제비꽃뿐만의 일이 아니다. 우리나라에 분포하는 여러 식물이 이런 상황에 처해 있다. 개발과 같은 인위적인 간섭 외에 지구 온난화 같은 기후의 변화도 과거에 비해 짧은 기간 안에 생물의 분포역을 다양하게 변화시키고 있어서 조만간 많은 종류의 식물이나 생물이 삶의 터전을 잃거나 새로 개척해 격리나 분리되는 양상을 보일 것으로 예상된다. 따라서 어떤 종이 어느 곳에서 자라고 있다는 현재의 자생지 정보는, 앞으로 식물의 환경 적응과 대응 양상 그리고 종 보전 연구에 매우 귀중한 자료로 활용될 것이다.

서울제비꽃의 종소명 '*seoulensis*'는 서울에서 자란다는 의미이며, 우리 이름 역시 종소명의 뜻을 그대로 옮긴 것이다. '서울오랑캐'라고도 불렀다. 우리나라 고유종으로 전역에 드물게 분포한다.

형태적 특징

줄기와 뿌리

전체적으로 털이 많다. 뿌리줄기는 굵고 끝이 여러 개로 갈라지며, 뿌리는 굵다.

잎

잎은 여러 개가 모여 뭉쳐나기하고 개방화가 시든 후에도 자라며 모양은 삼각상 난형 또는 긴 난형으로 털이 있다. 잎의 길이는 1.3~2.7cm, 폭은 0.9~1.3cm이며, 잎끝은 예두, 밑부분은 심장 모양이며 가장자리에는 톱니가 있다. 잎자루는 3~8cm이고 좁은 날개가 있으며 털이 있다. 턱잎은 잎자루와 합생하고 선형이며 가장자리에 톱니가 있다.

꽃

꽃은 좌우 대칭이며 지름은 1~1.5cm이고 4~5월에 옅은 자색 또는 자색으로

1
2 3

1 꽃 정면_ 옆 꽃잎에 털이 있다. 2 꽃 측면_ 꽃자루에 털이 있다. 3 어린잎

핀다. 꽃자루는 길이가 5.5~8.5cm이며, 작은 잎 모양의 소포는 꽃자루의 중간 윗부분에 달린다. 꽃받침은 피침형이며 뒤쪽이 얕게 갈라지고, 끝은 예두이며 길이는 4~6mm이다. 꽃잎은 길이가 10~12mm이며 옆 꽃잎의 안쪽에 털이 있고, 꽃뿔은 원통형으로 길이는 6~7mm이다. 보통 꽃받침과 꽃뿔에는 털이 없으나 꽃받침에는 간혹 털이 약간 있는 개체가 확인된다. 수술은 5개이며, 씨방에는 털이 없다. 암술머리 윗부분은 편평하며 연부가 넓게 돌출하고 앞부분에는 짧은 부리가 있다.

열매와 종자

열매의 길이는 10~15mm 정도이고 장타원형이며 털은 없다. 종자는 갈색 또는 진한 갈색이고 길이는 1.7~1.9mm이다.

생육 습성

여러해살이풀로, 양지바른 길가, 임도, 산길 주변에 주로 자란다.

비슷한 종류

털제비꽃(*V. phalacrocarpa* Maxim.)과 비슷하지만 털제비꽃은 꽃뿔과 씨방에 털이 많아 차이가 있다.

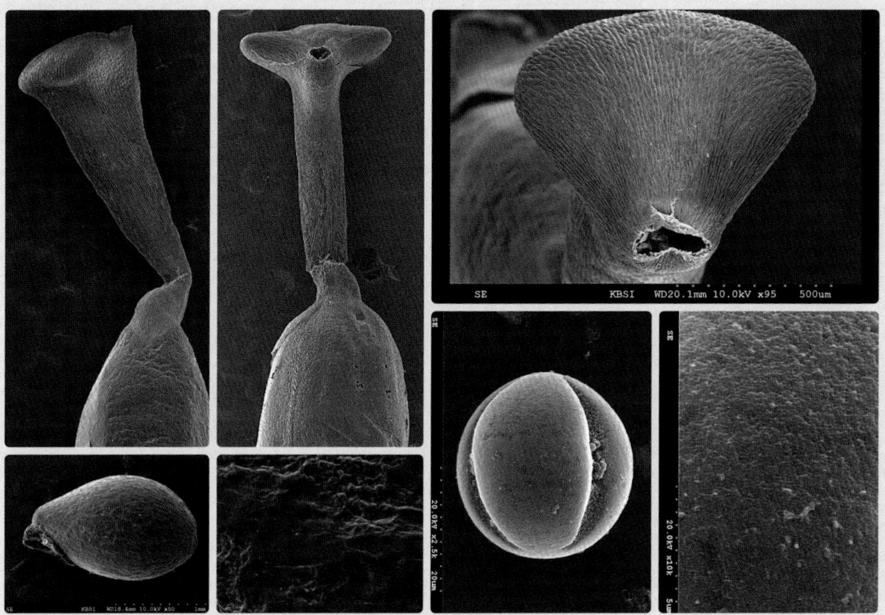

1 2 3
4 5 6 7

1 암술 측면_ 씨방에 털이 없다. 2 암술 정면 3 암술머리 윗면_ 편평하며 가장자리에는 연부가 넓게 돌출한다. 4 타원형 종자 5 종자 표면에 불규칙적으로 큐티클층이 침적되어 있다. 6 적도면에서 본 3공구형 꽃가루 7 꽃가루 표면 무늬는 세망상문이며 표면은 편평하지 않다.

흰털제비꽃

Viola hirtipes S. Moore

성장기에 있는 자녀를 둔 부모들은 아이의 두뇌 발달을 위해 나이에 걸맞지 않는 일들을 시키는 경우가 종종 있다. 열광적으로 이루어지는 조기 교육이 대표적인 예이며, 자기 자식이 다른 아이들보다 조금만 앞서는 부분이 있으면 특별 교육이나 영재 교육을 시켜야 한다고 유난을 떠는 것도 그중 하나이다. 자라는 환경이 아이의 지능이나 인성 형성과 발달에 큰 영향을 미치는 것은 사실이지만, 조기 교육이 아이에게 어떤 영향을 줄지는 아무도 모른다. 아무리 부모가 주장하는 대로 그들의 자녀가 영재나 천재라 할지라도 아이들이 좋아하는 것은 진화와 종의 기원, 다중우주이론, 양자역학 같은 전문서적이 아니라 장난감이다. 일반적으로 남자아이는 로봇이나 칼 같은 과격한 종류를 선호한다면 여자아이는 인형이나 동물 모형 같은 감성적인 것을 좋아한다. 이

흰털제비꽃(2008년 5월 11일_홍천)

러한 놀이의 차이는 성 정체성 확립에 도움을 주기도 한다. 이런 차이를 두지 않고 모두 가지고 노는 장난감 중에 블록이 있다. 블록은 머리를 좀 써야 하는 장남감으로, 생김새는 비슷하지만 크기가 다른 여러 가지 블록으로 건물이든 동물이든 완성된 형태를 만드는 놀이이다. 같은 블록이라도 만드는 사람의 생각에 따라 제각각 다양한 표현이 가능하다.

비슷해 보이는 제비꽃 종들 사이에서도 자기만의 모습을 뽐내며 다른 종과 뚜렷한 차별성을 드러내는 종이 흰털제비꽃이다. 흔하게 분포하지는 않지만 일단 한번 만나고 난 후에는 절대로 잊히지 않는 독특한 특징을 가졌다. 털이 많기로는 털제비꽃이 단연 으뜸이겠지만 흰털제비꽃은 털의 길이가 길고 불규칙하게 분포하여 꼭 있어야 할 털이 빠진 듯한 느낌이 든다. 또 여러 개체가 모여 나지 않고 대부분 독립적으로 나고 자라서 어찌 보면 왜소하고 초라해 보이기도 한다. 등산로 옆에 핀 흰털제비꽃은 누구를 기다리기라도 하는 듯 애처로워 보이면서도 자신만의 독특한 모습을 자랑하는 당당함이 엿보이는 묘한 매력이 있다.

흰털제비꽃의 종소명 '*hirtipes*'는 털이 있다는 의미이며, 우리 이름은 잎이나 줄기에 나 있는 털에서 기원되었다. '흰털오랑캐', '솜제비꽃'으로도 부른다. 러시아(우수리), 일본, 만주를 포함한 중국, 한국에 분포하며, 우리나라에는 전국 산지의 숲 속에서 자란다.

형태적 특징

줄기와 뿌리

뿌리줄기는 짧고, 뿌리는 흰색이며 두껍고 길게 신장한다.

잎

여러 개가 모여 뭉쳐나며 개방화가 시든 후에도 자란다. 잎은 계란처럼 생긴 긴 타원형 또는 좁은 계란 모양이며 길이는 3~7cm, 폭은 2~3.5cm이다. 잎끝은 예두, 밑부분은 심장 모양이며 가장자리에는 물결 모양의 둔한 톱니가 있다. 잎의 양면 맥 위에는 털이 있다. 잎자루는 3~10cm이며 좁은 날개가 있고 긴 털이 밀생한다. 잎은 폐쇄화기가 되면서 폭이 넓어지기도 하며, 잎자루 윗부분의 털은 없어져 아래쪽에만 남기도 한다. 턱잎은 선상 피침형이며 털이 거의 없고 잎자루와 붙은 상태(합생)로 자란다. 길이는 1.2~2.5cm이고 가장자리에 톱니가 있다.

1 2 1 개방화기의 잎 앞면 2 폐쇄화기의 잎

꽃

꽃은 좌우 대칭이며 지름은 2~2.5cm이다. 4월에 담자색으로 피며 안쪽은 흰빛이 돌고 꽃잎에는 자색 줄무늬가 있다. 꽃자루는 길이 7~12cm 정도이며 긴 털이 밀생하고, 작은 잎처럼 생긴 소포는 꽃자루의 중간 부분에 있다. 꽃자루의 털은 폐쇄화기가 되어 갈수록 다소 줄어들기도 하지만 잎자루에서처럼 눈에 띄게 없어지지는 않는다. 꽃받침은 피침형으로 뒤쪽이 갈라지지 않고 길이는 0.6~1.2cm이며 끝은 예두이고 털은 없다. 꽃잎은

1 2 3 1 꽃 정면_ 옆 꽃잎에 털이 있다. 2 꽃 측면 3 개방화기의 꽃자루와 잎자루

길이가 15~20mm이며 2장의 옆 꽃잎 안쪽에 털이 있다. 꽃뿔은 원통형이고 길이는 7~8mm이다. 수술은 5개이며, 씨방에는 털이 없고 암술대 윗부분은 편평하나 연부가 양쪽으로 뚜렷하게 돌출하여 곤충의 머리 모양과 비슷하며 앞부분에는 짧은 부리가 있다.

열매와 종자

열매는 타원형이며 길이는 8~10mm 정도이고, 표면에는 암녹색 바탕에 홍자색 반점이 있으며 털은 없다. 종자는 황토색 또는 황갈색이며 길이는 1.6~1.8mm 이다.

생육 습성

여러해살이풀로, 나무 그늘이 드리우지만 햇빛을 완전히 가리지는 않는 숲 속의 등산로, 산지 경사면, 임도 주변에 불연속적으로 자란다.

비슷한 종류

왜제비꽃(*V. japonica* Langsd. ex Ging.)과 비슷하지만 잎자루, 꽃자루, 옆 꽃잎에 털이 없는 것으로 구분한다. 또한 털제비꽃(*V. phalacrocarpa* Maxim.)은 상대적으로 짧은 털이 밀생하며, 씨방과 삭과에 털이 있어 흰털제비꽃과는 구별된다. 광릉과 전라남도 옥도에서 채집된 적이 있어 '광능오랑캐'로도 불렸던 광릉제비꽃(*V. kamibayashii* Nakai)을 흰털제비꽃에 통합하는 견해도 있다. 흰털제비꽃 중 옆 꽃잎의 안쪽에 털이 없는 형태는 민흰털제비꽃(*V. hirtipes* var. *glabripetalus* K. Yoo, S. Jang & T. Kim, 신칭)이라 한다.

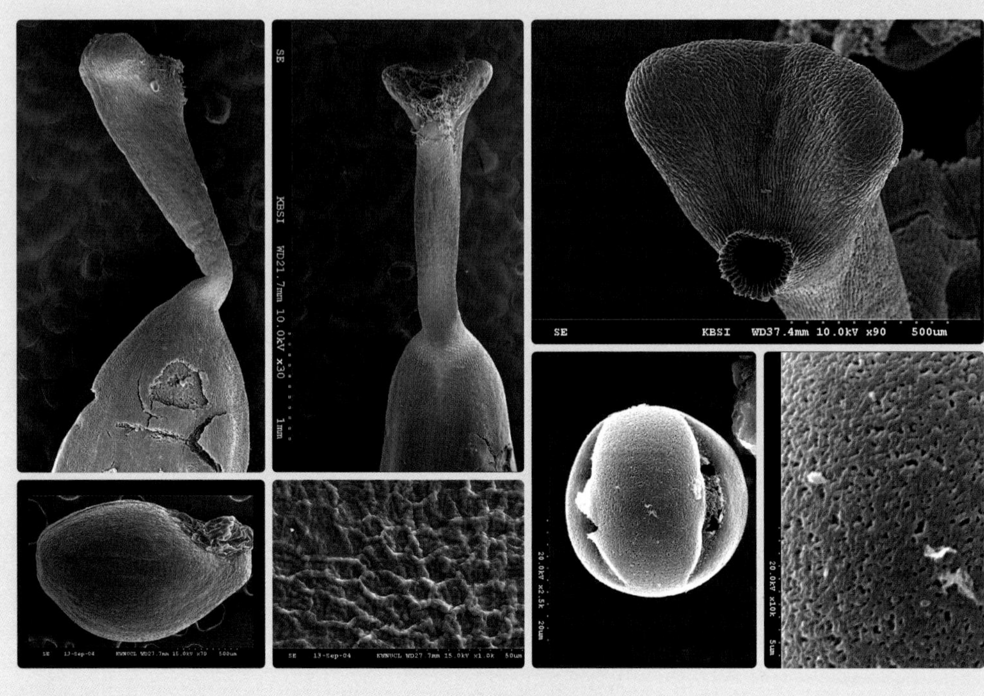

1 2 3
4 5 6 7

1 암술 측면_ 씨방에 털이 없다. 2 암술 정면 3 암술머리 윗면_ 편평하며 연부가 양쪽으로 뚜렷하게 돌출한다. 4 타원형 종자 5 종자 표면에는 울퉁불퉁하게 큐티클층이 침적되어 있다. 6 꽃가루는 3~4공구형_ 적도면에서 본 3공구형 꽃가루 7 꽃가루의 표면 무늬는 가느다란 망상문이며 표면은 매끄럽지 못하다.

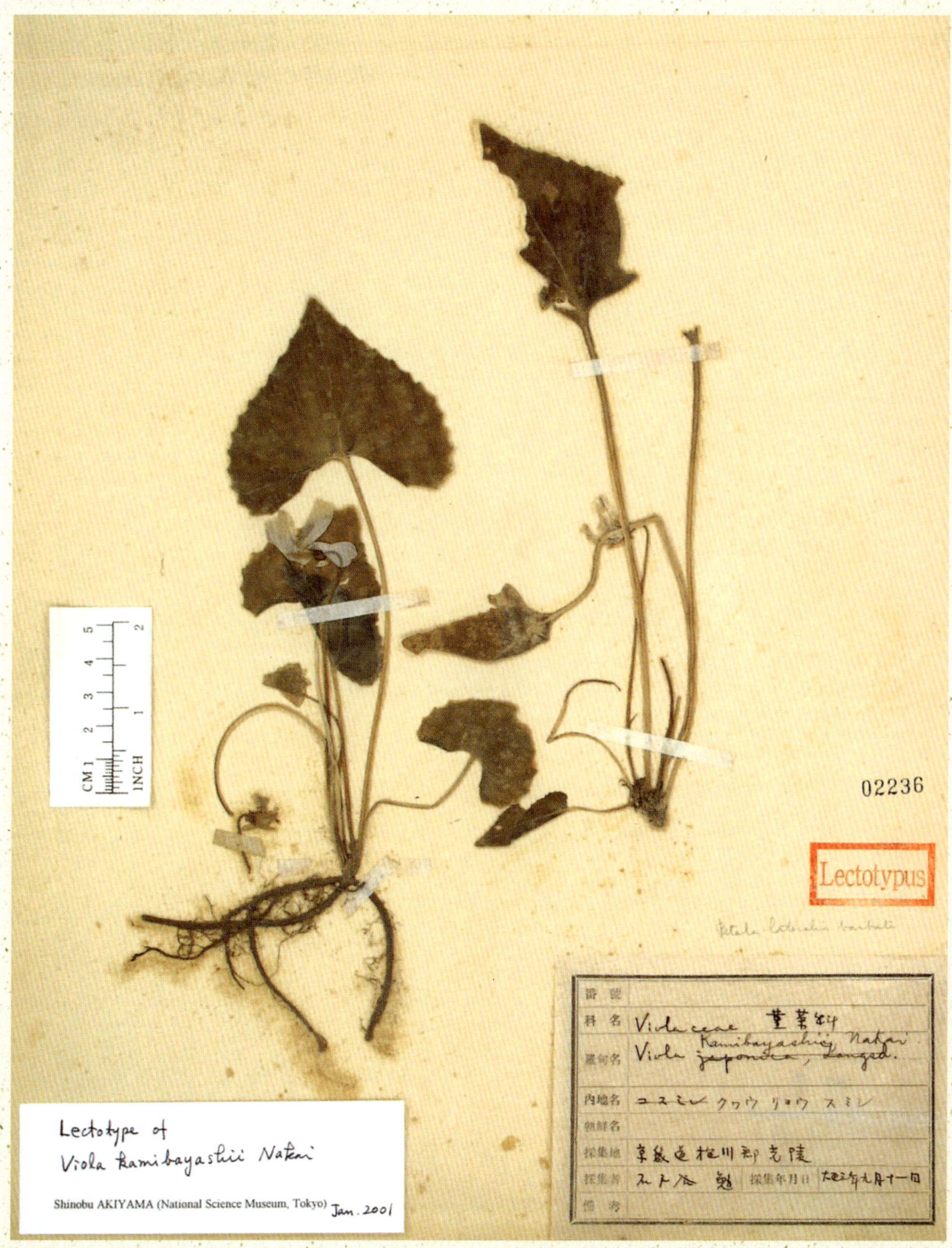

Provided from the Herbarium, University of Tokyo(TI)

광릉제비꽃 표본

민흰털제비꽃

민흰털제비꽃(2010년 5월 21일_대구)

1 2
3

1 꽃 측면 2 꽃 정면_ 옆 꽃잎에 털이 없다. 3 폐쇄화기로 접어든 개체

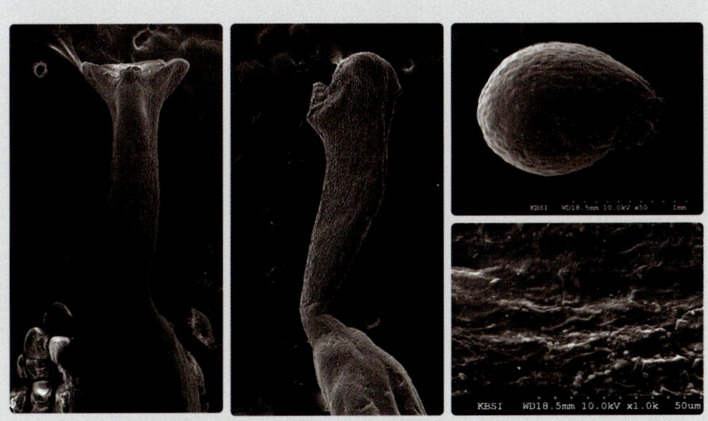

1 2 3
4

1 암술 정면_ 암술머리 주변으로 연부가 잘 발달한다. 2 암술 측면 3 타원형 종자 4 종자 표면은 불규칙한 큐티클층이 덮고 있다.

왜제비꽃

Viola japonica Langsd. ex Ging.

산삼을 캐는 심마니들은 산삼의 생육 조건을 잘 알고 있어서인지 보통 사람들과는 다른 눈을 가진 것 같다. 20여 년 동안 식물을 연구해 왔음에도 아직 한 뿌리도 찾지 못한 것을 보면 필자들은 확실히 심마니는 아닌 것 같다. 요즘에는 산삼을 캐는 동호회까지 생겼다고 하니 그들의 눈을 배우려는 사람이 꽤 되는 모양이다. 산삼처럼 종을 지정해 놓고 찾아 나서려면 미리 여러 가지 정보를 챙겨야 한다. 그러나 정보가 정확하지 않으면 일부러 찾아 나섰다고 하더라도 시간만 허비할 수도 있다. 언젠가 일간 신문에 그동안 우리나라에서 서식 여부가 알려지지 않았던 몇몇 식물 종류를 거론하며 처음으로 국내 자생지가 확인되었다는 기사가 실린 적이 있었다. 신문의 반 쪽 면을 식물들의 컬러사진으로 채우고 식물의 이름과 특징 등으로 기사를 작성해 놓았다. 그중 우

왜제비꽃(2009년 4월 3일_금정산)

리 눈을 사로잡는 종류가 하나 있었다. 우리 실험실에서 자생지를 찾으려고 무던히도 애를 썼던 '봄구슬붕이'라는 용담科과 식물이었다. 연구실 선배가 전공하는 분류군이어서 바로 신문사에 연락을 취해서 사진의 출처와 촬영지를 알아냈다. 선배는 그 동안 여러 방면으로 노력했음에도 찾을 수 없어 안타까워 했는데 우연히 자료를 얻게 되자 매우 기뻐했다. 다른 일을 모두 뒤로 미뤄 두고 바로 다음날 일찌감치 그곳으로 달려갔다. 하루 종일 꼭 찾기를 기원하며 기다렸는데 다 저녁이 되어 돌아온 선배의 표정은 그리 밝지 않았다. 신문에 실린 종을 직접 찾아가 실물을 보니 아주 비슷하게 생긴 다른 종류였다고 했다. 식물학적 검토가 충분히 이루어지지 못한 채 발표되어 벌어진 일이었다. 지금 생각하면 그 식물을 찾는 일은 산삼을 캐는 것보다 더 어려운 일이었던 것 같다.

만약 비슷하게 생긴 여러 종류의 식물이 자생지를 공유하고 있다면 이들은 어떻게 구분할 수 있을까? 식물도감을 옆에 놓고 하나하나 특징을 살펴 찾아보는 것도 괜찮지만, 가장 중요한 식물의 특징을 반영해 종을 구별할 수 있도록 만든 검색표를 활용할 수도 있다. 제대로 된 검색표만 있다면 단번에 각각의 종을 구분하고 이름을 알아낼 수 있다. 훌륭한 분류 도구이다. 그런데 검색표로도 식별이 쉽지 않은 종류가 있다. 바로 제비꽃 종류 중 왜제비꽃과 근연 분류군들이다. 근연 분류군이라 하면 털제비꽃과 흰털제비꽃이 있는데, 왜제비꽃과 털제비꽃도 털의 변이 때문에 대부분 혼동하게 된다. 특히 식물체가 어릴 때와 채집해 건조된 상태에서는 구별이 더 어려워 애를 먹는다. 더구나 털제비꽃 중에는 털이 없는 민둥제비꽃도 있어서 말 그대로 혼동 그 자체이다. 이런 종류들이 한곳에 모여 함께 자생하고 있다면 얼마나 정확하게 구별할 수 있을까. 제비꽃 종류의 동정이 어렵다는 사실이 다시 한 번 더 실감난다. 어쨌든 왜제비꽃과 털제비꽃 무리는 햇빛이 잘 드는 양지쪽이면 쉽게 만날 수 있는데 변이 형태가 다양하게 나타나므로 여러 개체를 비교하며 자세히 들여다 볼 필요가 있다. 정확한 동정을 위해서는 말이다.

왜제비꽃의 종소명 '*japonica*'는 일본에 분포한다는 의미이며, 우리 이름은 고대 중국이나 우리나라에서 일본을 지칭하던 '왜'에서 기원한 것이다. '왜오랑캐', '알록오랑캐', '주걱오랑캐', '좀제비꽃', '얼룩왜제비꽃', '작은제비꽃'으로도 부른다. 일본과 한국에 분포하며, 우리나라에는 주로 중부 이남 지역 낮은 곳에서 자란다.

형태적 특징

줄기와 뿌리

지상부에 뚜렷한 줄기를 만들지 않고 뿌리줄기는 짧다. 뿌리는 흰색으로 두껍고 길다.

잎

잎은 여러 개가 모여 나고 개방화가 시든 후에도 자란다. 잎 모양은 삼각상 난형 또는 장난형이며 길이는 2~5cm, 폭은 1.5~3.5cm이다. 개방화기에는 일반적으로 잎 아랫면이 자색을 띠지만 점차 엷어져 폐쇄화기가 되면 거의 없어진다. 털은 거의 없지만 엽저와 잎자루 윗부분에 약간 있고, 드물게 전체적으로 약간 있는 개체도 있다. 잎끝은 예두, 밑부분은 심장 모양이며, 가장자리에는 둔한 톱니가 있다. 잎자루는 3~10cm이고 좁은 날개가 있다. 턱잎은 잎자루와 붙은 상태합생로 자라며 선상 피침형이다. 길이는 1.2~2.5cm이며 가장자리에는 톱니가 있다.

1 개방화기의 잎 앞면 2 개방화기의 잎 뒷면 3 폐쇄화기의 잎 뒷면 4 폐쇄화기에 잎은 모양 변화 없이 크기만 커진다.

꽃

꽃은 좌우 대칭이며 지름은 1.5~2cm이다. 꽃은 4~5월에 자색으로 피는데 옅은 자색을 띠는 경우도 있다. 꽃잎 안쪽은 흰빛이 돌고, 모든 꽃잎에는 자색 줄무늬가 있다. 꽃자루 길이는 6~12cm 정도로 가끔 가지를 치는 개체도 있으며 대부분 털이 없고, 소포는 꽃자루의 중간 부분에 붙는다. 꽃받침은 넓은 피침형으로 뒤쪽은 얕게 갈라지고, 길이는 7~9mm이며 끝은 예두이고 털은 없다. 꽃잎은 길이 10~15mm이고, 두 장의 옆 꽃잎 안쪽에는 털이 없지만 드물게 몇 개씩 있는 개체가 있다. 꽃뿔은 가느다란 원통형이며 길이는 6~8mm이다. 수술은 5개이며, 씨방에는 털이 없다. 대부분 암술대의 윗부분은 편평하고 연부가 양쪽으로 돌출하여 곤충의 머리와 비슷한 모양을 하고 있으며 앞부분에는 짧은 부리가 있다. 간혹 암술대 윗부분이 약간 솟아오른 형태를 보이는 개체도 있다.

열매와 종자

열매는 긴 타원형이며 길이는 6~9mm이고 표면에 털이 없다. 흔히 연한 녹색에 담자색 점이 있는 것으로 관찰되나 개체에 따라 반점이 없는 것도 있다. 종자는 황토색 또는 황갈색이며 길이는 1.7~2.2mm이다.

생육 습성

여러해살이풀로, 해가 잘 드는 길가, 등산로, 산지 경사면 등에 주로 자란다.

비슷한 종류

털제비꽃(*V. phalacrocarpa* Maxim.)과 비슷하나 털제비꽃은 잎과 잎자루, 꽃자루, 꽃받침, 옆 꽃잎의 안쪽, 꽃뿔, 씨방에 털이 밀생하며, 엽저가 아심장저로 왜제비꽃에 비해 얕게 들어간다. 흰털제비꽃(*V. hirtipes* S. Moore)은 옆 꽃잎 안쪽에 털이 있으며 잎자루와 꽃자루에 긴 털이 밀생하고 꽃이 담홍자색인 것으로 구별된다.

왜제비꽃(2009년 4월 3일_금정산)

1 2
3 5
4

1–4 꽃은 자색에서 옅은 자색까지 다양하며 꽃잎에 진한 자색 줄무늬가 있고 옆 꽃잎 안쪽에 털이 없거나 약간의 털이 있는 개체도 있다. 5 꽃 측면

1	2	3	4
5	6	7	8
9	10	11	12

1 암술 측면　2 암술 정면_ 암술머리 주변으로 연부가 발달한다.　3 암술대 윗부분이 다소 비후된 형태의 암술 정면　4 암술대 윗부분이 다소 비후된 형태의 암술 측면　5 암술대 윗부분이 다소 비후된 형태의 암술 윗면　6 타원형 종자　7 종자 표면에 불규칙적인 큐티클층이 흩어져 있다.　8 종자 표면의 기공　9 잎 앞면의 표피세포.　10 잎 뒷면의 표피세포_ 앞면에 비해 파상의 굴곡이 지고 기공이 많이 분포한다.　11 적도면에서 본 3공구형 꽃가루　12 꽃가루의 표면 무늬는 망목이 0.5㎛ 이하인 세망상문이며 표면은 울퉁불퉁하다.

■■■ 털제비꽃, 서울제비꽃, 흰털제비꽃, 왜제비꽃의 비교

	옆 꽃잎의 털	꽃뿔 · 꽃받침 · 꽃자루의 털	잎의 모양	잎의 털	씨방의 털
털제비꽃	 있음	 모두 있음	 난형 또는 장란형	 있음	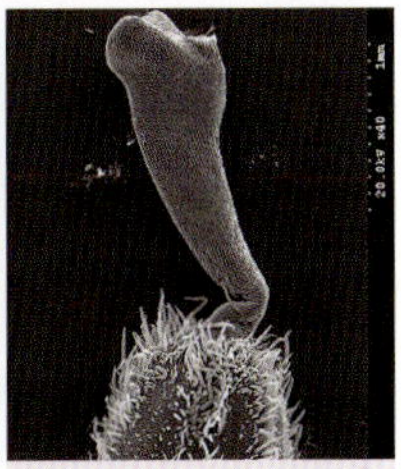 있음
서울제비꽃	 있음	 보통 꽃자루에만 있으나 꽃받침까지 있기도 함	 삼각상 심장형 또는 장란형	 있음	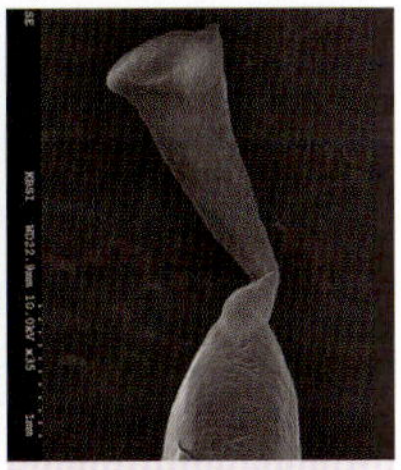 없음
흰털제비꽃	 있음	 꽃자루에만 긴 털이 있음	 장타원형	 잎몸에는 적으나 잎자루에 긴 털이 있음	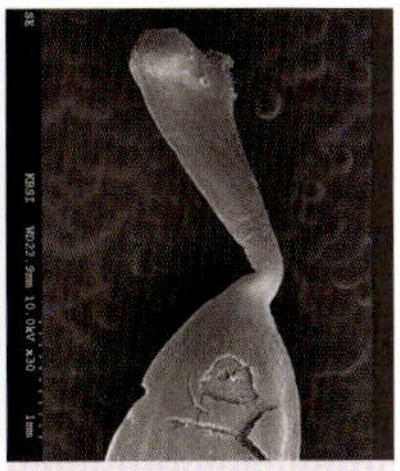 없음
왜제비꽃	 없거나 약간 있음	 모두 없음	 삼각상 난형 또는 장란형	 없음	 없음

자주잎제비꽃

Viola violacea Makino

양복이든 한복이든 제대로 갖춰 입어야 제멋이 나기 마련이다. 지금 생각하면 왜 그랬는지는 모르겠는데 대학 다닐 때 어떤 옷이든 흰색 양말을 고집해 신었다. 그 시절 대부분의 학생은 양복이라곤 딱 한 벌, 그것도 검은색 아니면 진한 청색으로 대학 시절 내내 입을 수밖에 없는 형편이었다. 자주 입지는 않아 1년에 한두 번 입는 것이 고작이지만 학년이 높아갈수록 점점 깡똥해지는 바지 속으로 두드러졌을 흰색 양말목을 떠올리면 지금도 얼굴이 화끈거린다. 그래도 양복을 입는 날이면 이것저것 꽤 신경을 썼고, 지금도 정장을 차려 입는 날이면 행동거지가 조심스러워진다. 한복은 더 말할 것도 없다. 옷고름과 대님 매는 법을 알아야 하고, 마고자나 두루마기 같은 것을 격식 있게 갖추어 입어야 하는 등 입는 법이 이루 말할 수 없이 복잡하다. 더구나 양복보다도 입을 기회가 적다 보니 어쩌다 한번 입을 때마다 엉성하고 부자연스럽다. 그럼에도 양복이든 한복이든 제대로만 갖춰 입으면 맵시가 좋아 멋들어진다.

제비꽃 종류 중에도 양복이나 한복을 제대로 갖춰 입은 것처럼 젠틀gentle한 모습의 자주잎제비꽃이 있다. 줄기가 없어 바람에 영향을 받지 않고 잎이 두툼하여 안정적으로 보이며, 잎 뒷면은 자색을 띠어 남에게 보여 줄 거리도 있다. 처음 자주잎제비꽃을 만난 곳은 한라산 등산로 주변의 시멘트 옹벽 사이로, 지금 떠올려도 미안한 생각이 들 정도로 환경이 열악했다. 하루 종일 제비꽃 종류를 찾아 헤매다가 막판에 발견한 모습이 그러했으니 미안하고 안쓰러운 마음이 더했다. 자생지가 조금만 숲 안쪽에 있었더라면 그 모습이 훨씬 더 멋있었을 텐데 하는 생각이 들어 더 안타까웠다.

한번은 전라남도 해남 근처로 조사를 갔는데, 마을을 지나 임도를 따라 산 쪽으로 오르다가 튼튼해 보이는 제비꽃 집단을 만났다. 서쪽으로 넘어가는 석양빛에 반사되어 반짝반짝 윤기를 발산하며 제비꽃들이 늘어서 있었다. 임도 주변의 황토색 흙과 인근에 흩어져 자라는 다양한 초본들 사이에 무리 지어 자리를 잡은 제비꽃은 바로 자주잎제비꽃이었다. 반가운 마음에 사진기부터 들이밀었다. 잎에 반사되는 햇빛과 살랑이는 바람에 살짝살짝 드러내는 잎 뒷면의 자색은 마치 한편의 자연다큐멘터리를 보는 듯 아름다웠다. 해가 완전히 넘어갈 때까지 아름다운 풍경에 매료되어 우리는 말없이 바라보고 있었다. 지금도 자주잎제비꽃을 생각할 때면 그때의 풍경과 더불어 멋진 옷을 차려 입은 몸매 좋은 최고 모델의 모습이 떠오르곤 한다. 아쉽게도 전국적으로 분포하지 않고 남쪽 지방에만 자라지만, 언젠가 그곳에 다시 한 번 꼭 가보고 싶다. 내가 이렇게 아름답게 이야기해 준 자주잎제비꽃이 나를 기다리고 있을지도 모르니까.

자주잎제비꽃(2008년 4월 18일_변산반도)

자주잎제비꽃의 종소명 '*violacea*'는 '붉은색을 띤다'라는 뜻으로 잎 뒷면의 색깔을 표현한 것이고, 우리 이름도 잎 뒷면의 색깔에서 기원했다. '제주잎오랑캐', '자주제비꽃', '자주등제비꽃', '오랑캐제비꽃'이라고도 부른다. 일본과 한국에 분포하며, 우리나라에는 전라남도와 제주도에서 자란다.

형태적 특징

줄기와 뿌리

줄기는 없으며, 뿌리줄기는 짧고 가늘다.

잎

잎은 여러 개가 모여 나와 뭉쳐나기하고, 모양은 좁은 난상 타원형이며 길이는 2~6cm, 폭은 1~3cm이다. 일반적으로 뒷면은 자색을 띠지만 폐쇄화기가 되면서 점차 옅어지고, 앞면은 진한 녹색이며 대부분 흰색 줄이 없으나 있는 개체가 확인되기도 한다. 잎끝은 예두이고 밑부분은 심장저이며, 가장자리에는 규칙적이고 얕은 거치가 있다. 잎 양면에 털은 거의 없지만 드물게 나타나기도 하며, 잎자루는 3~10cm 정도이다. 턱잎은 피침형이며 가장자리에 털이 있다.

꽃

꽃은 좌우 대칭이며 지름은 1.2~1.5cm이다. 꽃은 4~5월에 진한 자색으로 피고 안쪽은 흰색을 띤다. 꽃자루는 길이 5~8cm로 잎보다 길고, 작은 잎처럼 생긴 소포는 중간 아랫부분에 있다. 꽃받침은 넓은 피침형이며 길이는 5~8mm이다. 끝은 예두이며 뒤쪽이 갈라지지 않는다. 꽃잎은 길이가 8~12mm이며 옆 꽃잎

1 꽃 측면 2 꽃 정면 3 꽃 안쪽_ 옆 꽃잎에 털이 없다. 4 개방화기의 잎_ 뒷면은 뚜렷한 자색을 띤다.

에는 털이 없고 옆 꽃잎과 아래 꽃잎에 자색 줄이 있다. 꽃뿔은 얇은 원통형이며 길이는 5~6mm이다. 수술은 5개이고, 씨방에는 털이 없다. 암술대는 원통형이고, 암술대 윗부분은 짧고 편평하며 연부가 발달하고 부리가 있다.

열매와 종자

열매의 길이는 6~8mm 정도이고 진한 녹색에 자색 반점이 있으며, 타원형 또는 계란 모양이고 털은 없다. 종자는 갈색 또는 진한 갈색이며 길이는 1.4~1.5mm이다.

생육 습성

여러해살이풀로, 그늘진 산지 경사면, 숲 속이나 숲 가장자리에서 자란다. 빛이 강한 곳에서 자라는 개체의 잎은 광택이 더 강하다.

비슷한 종류

형태적으로는 민둥뫼제비꽃(*V. tokubuchiana* var. *takedana* (Makino) F. Maek.)과 비슷하나 민둥뫼제비꽃은 잎이 넓은 계란 모양이고 가장자리에 파상의 거치가 있으며, 꽃이 담자색이어서 차이가 있다.

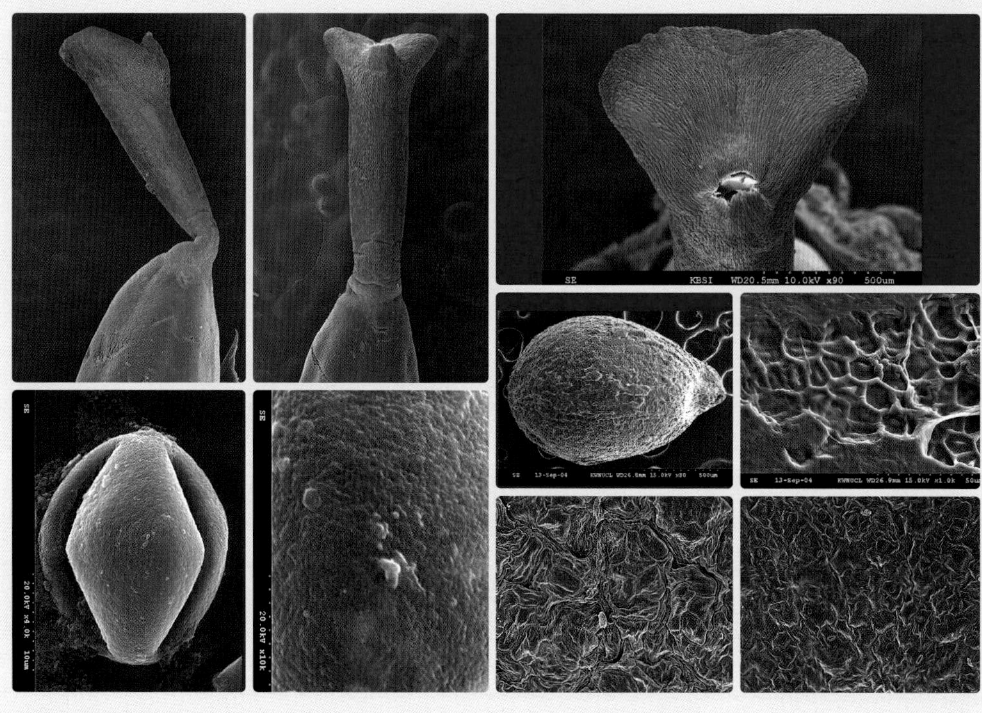

1 2 3
4 5
6 7 8 9

1 암술 측면_ 씨방에 털이 없다. 2 암술 정면 3 암술머리 윗면_ 편평하며 주변에 연부가 발달하고 앞쪽에는 짧은 부리가 있다. 4 타원형 종자 5 종자 표면에 불규칙한 큐티클층이 침적되어 있다. 6 적도면에서 본 3공구형 꽃가루 7 꽃가루 표면 무늬는 미세 망상문이며 표면은 울퉁불퉁하다. 8 잎 앞면의 표피세포_ 뒷면보다 큐티클층이 많이 침적되어 있다. 9 잎 뒷면의 표피세포_ 기공이 많이 분포한다.

뫼제비꽃

Viola selkirkii Pursh ex Goldie

누가 뭐라 해도 설과 추석은 우리나라 대표 명절이다. 설은 묵은 해를 보내고 새해를 맞는 시작의 의미가 큰 명절이다. 애 어른할 것 없이 차례도 모시고 한 해의 계획을 세우느라 분주한데, 특히 어린아이들은 어른들께 건강과 장수를 비는 세배를 드리고 세뱃돈을 받느라 바쁜 날이기도 하다. 세뱃돈으로 받은 빳빳한 백 원짜리 지폐를 혹시 흘리기라도 할까 봐 몇 번이고 바지 주머니에 손을 넣어 확인하곤 했던 그때가 새삼 그리워진다. 요즘은 어린아이에게도 기본이 만 원짜리 지폐요, 대학생쯤 되는 나이면 하얀 봉투를 건네야 해서 왠지 의례적인 행사로 변해 버린 것 같아 서운한 생각이 든다. 그나마 그 돈을 모아 책도 사고 저금도 하는 우리 아이들을 보면서 쓰임이 크게 달라지지 않은 것 같아 위안을 삼는다. 추석은 어떤가? 추석 때는 결실의 계절답게 모

뫼제비꽃(2009년 4월 28일_가칠봉)

든 것이 풍성하다. 내가 중학교 다닐 때만 해도 추수할 시기가 되면 학생들이 낫을 들고 일을 도우러 논으로 갔다. 일이 손에 익지 않았을 때라 무던히 애를 쓰며 한 줄씩 맡아 몇 시간이고 엎드려 벼를 베던 기억이 새삼스럽다. 하기야 시나브로 추수하는 그런 모습은 사라진 지 오래고, 지금은 콤바인이 가을 논을 차지하고 있다.

명절 이야기를 하면서 음식 이야기를 빼놓을 수는 없다. 먹는 즐거움에 명절을 기다리기도 하니 말이다. 명절 음식을 꼽으라면 뭐니뭐니해도 설에는 떡국과 만두요, 추석에는 햅쌀로 빚는 송편이다. 요즘이야 많이 바뀌었지만 어릴 적 할아버지께서는 우리 형제들을 부엌 근처엔 얼씬도 하지 못하게 하셨다. 어쩌다 누룽지라도 가져다 먹으려면 할아버지 눈을 피해 몰래 드나들곤 해야 했다. 지금 생각하면 맛있는 것은 모두 주방에 있는데 왜 그리도 못 드나들게 하셨는지 모를 일이다. 요즘은 명절을 쇠러 큰집에 가면 자연스레 형제들이 모여 앉아 떨어져 지내느라 못한 이야기를 나누며 밤을 친다. 밤을 치고 나면 이번에는 온 식구가 모여 앉아 설에는 만두, 추석에는 송편 빚기에 돌입한다. 만두든 송편이든 빚는 것 자체는 어렵지 않으나 몇 시간이고 진득하니 앉아 빚어야 하는 것이 고역이다. 한두 시간이 지나 목덜미가 뻣뻣해질 때쯤이면 같은 동작을 반복하는 단조로움을 피하고 싶어 만들게 되는 것이 바로 모자만두이다. 반달 모양 만두의 양쪽 끝을 서로 연결하고 위쪽 이음새를 뒤로 제켜 주면 예쁜 모자만두가 된다.

그런데 모자만두를 가만히 보고 있으면 생각나는 제비꽃 종류가 있다. 활처럼 휘어진 잎의 끝이 만나서 만들어지는 심장 모양의 공간 때문으로, 잎끝이 거의 연결되다시피 해서 만들어진 동그란 모양이 마치 모자만두의 밑부분을 닮았다. 자생지에서 보면 기계로 찍어낸 것 같이 양쪽이 거의 같은 모양이지만 가끔은 끝부분이 겹쳐지거나 아예 서로 닿지 않는 개체도 있다. 뿌리에서 발달한 부정아 때문에 만들어진 잎의 모습들이다. 주로 산지 숲 속에서 자라는 뫼제비꽃이 모자만두를 닮았다고 하면 억지라고 할 사람이 있을지도 모르겠지만 내 머릿속에는 그렇게 특징 지어 남아 있다.

뫼제비꽃의 종소명 '*selkirkii*'는 캐나다 사람의 이름에서 유래되었으며, 우리 이름은 산지에서 자란다는 의미로 붙여진 것 같다. '뫼오랑캐', '묏오랑캐', '멧제비꽃', '알록뫼제비꽃', '메제비꽃', '메오랑캐', '알룩메제비꽃', '산제비꽃'이라고도 부른다. 북아메리카, 아시아, 유럽과 한국에 분포하며, 우리나라에는 전국에서 자란다.

형태적 특징

줄기와 뿌리

줄기는 없으며, 뿌리줄기는 가늘고 뿌리에서 부정아가 발달하여 새로운 개체를 만든다.

잎

잎은 여러 개가 모여 뭉쳐나기하고, 원형 또는 아원형이며 꽃이 핀 후 약간 커지거나 커지지 않는다. 잎의 길이는 2~3cm, 폭은 2~4cm이고 뒷면은 녹색을 띤다. 잎끝은 예두 또는 짧은 점첨두이고 밑부분은 깊은 심장저이며, 가장자리에는 파상의 거치가 있다. 가끔 잎 앞면에 흰색 무늬가 있는 개체가 확인되기도 한다. 잎의 기부에는 털이 있으며, 잎자루는 3~10cm이고 털이 있다. 턱잎은 좁은 피침형이며 가장자리에 털이 있다.

꽃

꽃은 좌우 대칭이며 지름은 1.5~2cm이고, 4~5월에 연한 자색으로 선명하게 핀다. 꽃자루는 길이가 5~8cm로 잎보다 짧거나 같고, 중간에 잎 모양의 소포가 있다. 꽃받침은 피침형이고 끝은 예두이며, 뒤쪽은 갈라지지 않거나 얕게 갈라진다. 꽃잎은 길이 12~15mm이며, 아래쪽 좌우측 옆 꽃잎에 털이 없고 아래 꽃잎과 옆 꽃잎에 자색 줄이 있으나 옆 꽃잎의 줄은 상대적으로 흐리다. 꽃뿔은 원통형이며 길이는 6~8mm이다. 수술은 5개이며, 씨방에는 털이 없다. 암술대는 원통형이고 대부분 부리는 위쪽을 향하며 연부가 발달한다.

열매와 종자

열매의 길이는 6~10mm 정도이고 진한 녹색에 자색 반점이 있으며 털은 없다. 종자는 갈색이고 길이는 1.9~2.2mm이다.

생육 습성

여러해살이풀로, 계곡부와 습한 경사면을 선호하며 높은 고도의 능선 부근에서도 확인되나 돌 틈의 그늘진 곳에 주로 생육한다.

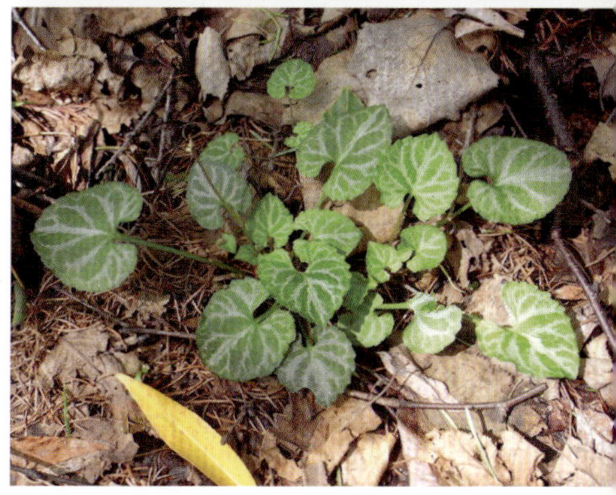

1 개방화기의 잎 앞면 2 개방화기의 잎 뒷면 3 잎 앞면에 흰색 무늬가 있는 개체

1 꽃 측면 2 꽃 정면 3 꽃 안쪽_ 옆 꽃잎에 털이 없다.

비슷한 종류

형태적으로는 민둥뫼제비꽃(*V. tokubuchiana* var. *takedana* (Makino) F. Maek.)과 유사하나 민둥뫼제비꽃은 옆 꽃잎에 털이 있고 잎이 난상 타원형이라 구별된다. 모종에 비해 꽃이 흰 것을 흰뫼제비꽃(for. *albiflora* (Nakai) F. Maekawa ex H. Hara)이라 하며 우리나라 북부 지방에 자란다. 최근엔 울릉도에 분포하는 뫼제비꽃 집단을 정밀 조사해 부정아가 없고 형태와 분자계통학적으로 뫼제비꽃과 다소 차이 나는 개체가 울릉제비꽃(*V. ulleungdoensis* M. Kim & J. Lee)이라 발표되기도 하였다.

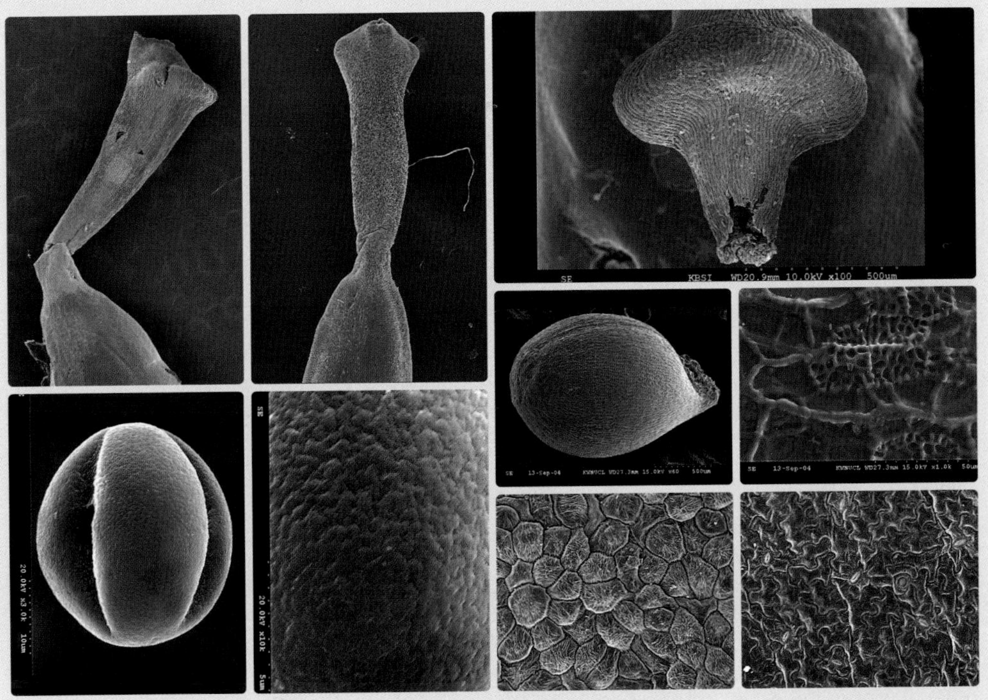

1	2	3	
		4	5
6	7	8	9

1 암술 측면_ 씨방에 털이 없다. 2 암술 정면 3 암술머리 윗면_ 앞쪽의 부리는 위를 향하며 가장자리에 연부가 발달한다. 4 타원형 종자 5 종자 표면은 선형 또는 벌집 모양으로 침적된 큐티클층이 있다. 6 꽃가루는 3~4공구형_ 적도면에서 본 3공구형 꽃가루 7 꽃가루 표면 무늬는 세망상문이며 표면은 매끄럽지 못하다. 8 잎 앞면의 표피세포 9 잎 뒷면의 표피세포_ 파상형으로 굴곡이 심하며 기공이 많다.

울릉제비꽃

울릉제비꽃(2004년 5월 21일_울릉도)

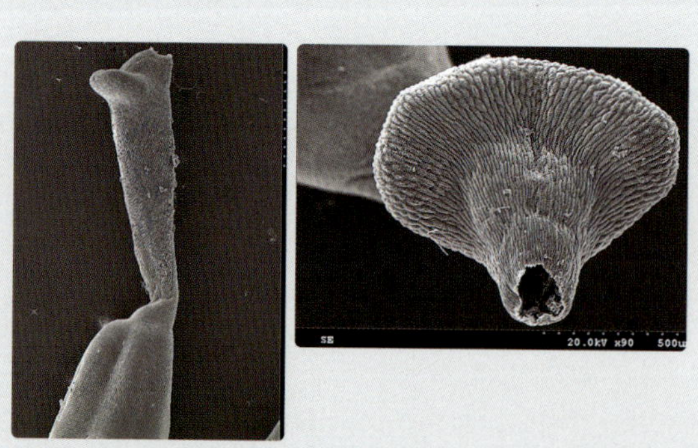

1 2 1 암술 측면 2 암술머리 윗면

민둥뫼제비꽃

Viola tokubuchiana var. *takedana* (Makino) F. Maek.

'민둥민둥하다' 라는 표현이 있는데 사전을 찾아보니 '산에 나무가 없어 번번하다' 또는 '반반하다' 는 뜻이며, 보다 작은 뜻으로는 '맨둥맨둥하다' 라는 말도 있다. 생각해 보니 강원도 정선에 민둥산이 있다. 가을이면 억새꽃 축제가 열리는 산으로, 정상부까지 나무가 없고 억새로 뒤덮여 있다. 으레 나무가 자라 숲을 이루어 제 품에 깃든 생명들에게 그늘도 만들어 주고 큰 바람도 막아 주는 것이 산인데, 민둥산은 나무가 없어 조금은 허전하고 쓸쓸해 보여 이런 이름이 붙은 것 같다. 식물 이름에 '민둥' 이란 단어가 들어갔다면 역시 무엇인가 없다는 뜻일 것이다. 여러 자료를 찾아보니 줄기, 잎, 꽃 부분에 가시나 털이 없을 때 붙여진 것이 많았다. 줄기나 잎에 가시나 털이 없는 것으로는 민둥갈퀴와 민둥아까시나무가 있고, 꽃에 가시나 털이 없는 것으로는 민둥체꽃,

민둥뫼제비꽃 등이 있다.

그런데 민둥뫼제비꽃은 문제가 좀 있다. 문헌을 찾아보니 뫼제비꽃에 비해 잎에 털이 없다고 했는데, 실제 야외에서 관찰한 민둥뫼제비꽃의 잎에는 털이 산재해 있다. 털에 대한 특징을 가장 중요한 형질로 알고 두 종을 구별하려 한다면 십중팔구는 잘못된 동정을 하게 될 것이다. 이름을 잘못 붙인 것이다. 이 뿐만이 아니다. 민둥뫼제비꽃의 꽃 색깔과 잎에 있는 흰색 무늬도 자생지 환경에 따라 다양하게 발현되며 성숙 정도에 따라 변화도 매우 심하다. 먼저, 꽃 색깔을 보면 연한 홍자색으로 피어야 하는데 우리나라 내륙 지역에 자라는 것들은 대부분 흰색으로 핀다. 홍자색 꽃이 피는 집단은 제주도에서만 관찰되었다. 이 형질을 확인하기 위하여 표본실의 표본을 관찰했더니 흰색 꽃 개체가 많았다. 일본에서는 흰색 꽃을 for. *albiflora* Hayashi라 하여 품종으로 구별하지만 우리나라에서는 기록된 바 없다. 홍자색 꽃보다는 흰색 꽃이 더 많이 관찰됨에도 말이다. 잎에서 발현되는 흰색 줄무늬 특징도, 집단에 따라서는 무늬가 없는 개체부터 아주 뚜렷한 개체, 그리고 그 중간적 특징을 보이는 것까지 다양한 변이체가 섞여 자란다.

한번은 이들을 각각 구별하여 온실에 나누어 심었더니 뿌리가 활착하고 꽃이 핀 다음 잎의 무늬가 차츰 변하기 시작했다. 그러더니 줄무늬는 온데간데없고 깨끗한 녹색 잎만이 남았다. 뚜렷한 무늬를 끝까지 갖는 것을 줄민둥뫼제비꽃(for. *variegata* F. Maek.)이라 구분해 인정하는 학자들도 있다. 이런 변이체들도 꽃은 홍자색 또는 흰색으로 핀다. 언제 어떤 곳에서 이 식물을 관찰했느냐에 따라 다양한 의견이 나올 수 있다. 이 내용들을 정리해 보면 우리나라에 분포하는 민둥뫼제비꽃 집단은 내륙 지역은 흰색 꽃이 피고 잎은 줄무늬가 있는 것과 없는 것으로 나뉘며, 제주도에 분포하는 집단은 꽃이 홍자색이고 잎에 무늬가 있는 것

민둥뫼제비꽃(2011년 4월 13일_제주도)

어린잎

과 없는 것으로 구별된다. 민둥뫼제비꽃의 변이처럼 한 종류에서 보여지는 다양한 특징은 식물을 공부하는 사람들에게는 풀어야 할 숙제인 동시에 아직도 무궁무진하게 남아 있을 자생지의 다양한 모습이 기대되는 종이다.

민둥뫼제비꽃의 종소명 '*tokubuchiana*'와 변종소명 '*takedana*'는 일본의 식물 연구가 이름에서 유래되었다. 우리 이름은 뫼제비꽃에 비해 털이 없다는 뜻으로 붙여졌다고 하는데 앞에서 이야기한 것처럼 문제가 있어 보인다. '조선씨름꽃', '양지오랑캐', '양지제비꽃', '거친털제비꽃', '민둥메제비꽃' 이라고도 부른다. 일본, 중국(만주)과 한국에 분포하며, 우리나라에는 중부 이남 지역의 산지 숲 속에서 자란다.

형태적 특징

줄기와 뿌리

줄기는 없으며, 뿌리줄기는 짧고, 뿌리에서 부정아가 발생한다.

잎

잎은 여러 개가 모여 나고 꽃이 시든 후에도 커진다. 삼각상 계란 모양 또는 넓은 계란 모양이며 길이는 3~6cm, 폭은 2~4.5cm이다. 잎의 뒷면은 처음에는 자색을 띠는 경우도 있으나 점차 옅어져 완전한 폐쇄화기가 되면 자색이 없어진다.

앞면은 녹색 또는 진한 녹색이며 간혹 흰 줄이 있는 것도 있다. 잎끝은 점첨두이고 밑부분은 귀처럼 생겼으며, 가장자리에는 파상의 거치가 있다. 잎자루는 3~10cm이다. 어린잎에는 털이 밀생하지만 자라면서 차츰 줄어들어 약간의 털만 남는다. 상대적으로 엽저와 잎자루 윗부분에 더 많은 털이 분포한다. 턱잎은 피침형이며 좁고 가장자리에 털이 있다.

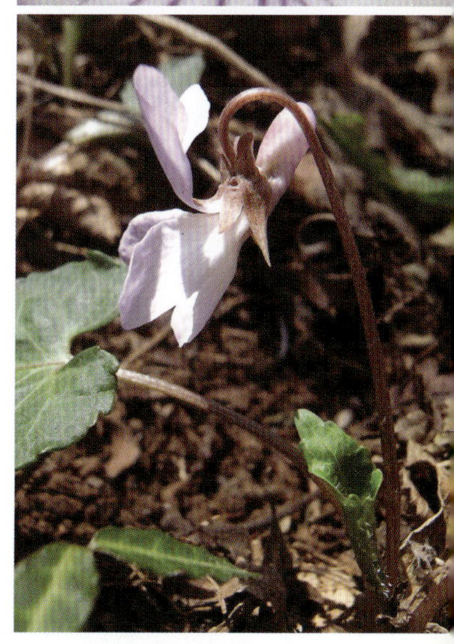

1 꽃 정면 2 꽃 안쪽_ 옆 꽃잎에 털이 있다. 3 꽃 측면

꽃

꽃은 좌우 대칭이며 지름은 1.5~2cm이고 4~5월에 홍자색으로 핀다. 꽃잎의 중간 정도는 흰색이지만 기부는 초록색을 띤다. 꽃자루는 길이가 5~8cm로 잎보다 길고 드문드문 털이 있는데 특히 뿌리 가까운 부분에 많다. 작은 잎 모양의 소포는 꽃자루의 중간에 붙는다. 꽃받침은 피침형이고 길이는 6~9mm이다. 꽃받침 끝은 예두이고 얕게 갈라지거나 거의 갈라지지 않는다. 꽃잎은 길이가 8~12mm이고 옆 꽃잎에는 털이 있으며, 꽃뿔은 원통형이고 길이는 6~7mm이다. 수술은 5개이며, 씨방에는 털이 없다. 암술대는 원통형이며 부리는 대각선 위쪽 방향 또는 위쪽 방향으로 신장되고 연부가 발달한다.

열매와 종자

열매는 긴 타원형이며 털이 없고 길이는 7~9mm 정도이다.

진한 녹색에 자색 반점이 있는 것과 없는 개체가 모두 확인되며, 이를 온실에 이식하여 재배한 결과 다음해에는 모두 녹색으로 나타났다. 종자는 갈색 또는 진한 갈색이며 길이는 1.8mm이다.

생육 습성

여러해살이풀로, 해가 잘 드는 산지 경사면에서 그늘지고 다소 습한 경사면까지 다양하게 분포한다.

비슷한 종류

민둥뫼제비꽃에 비해 잎에 흰 줄무늬가 있는 것을 줄민둥뫼제비꽃(for. *variegata* F. Maek.)이라 하지만 줄무늬의 발현 정도와 꽃 색깔에 대해서는 재검토가 필요한 분류군이다. 민둥뫼제비꽃에 비해 잎이 녹색이고 잎끝이 뾰족하게 되는 것을 성긴털제비꽃(*V. scabrida* Nakai)이라 명명했었지만 분명한 차이를 보이지 않고 모종과 중복되는 형태를 보여 모종에 통합하는 견해도 있다. 민둥뫼제비꽃에 비해 흰 꽃이 피는 것은 흰민둥뫼제비꽃(*V. tokubuchiana* var. *takedana* for. *albiflora* Hayashi, 국명 신칭)이라 하고, 잎에 흰색 줄무늬가 있는 것은 흰줄민둥뫼제비꽃(국명 신칭)이라 하는데, 내륙에 있는 모든 분류군은 이 두 가지 형태를 보이고 있으나 아직 공식 발표가 나지 않아 발표를 준비 중이다.

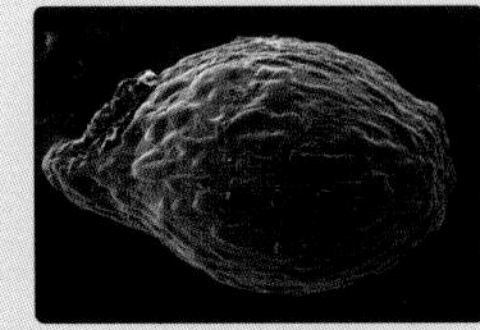
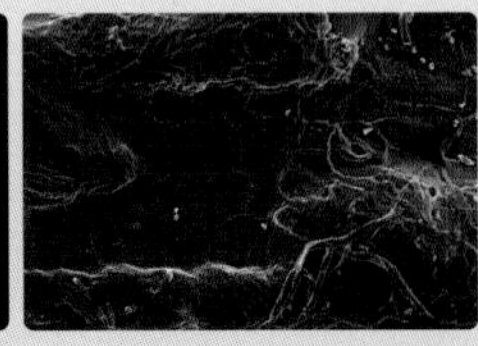

1 2 1 타원형 종자 2 종자 표면에 그물 모양의 큐티클층이 침적되어 있다.

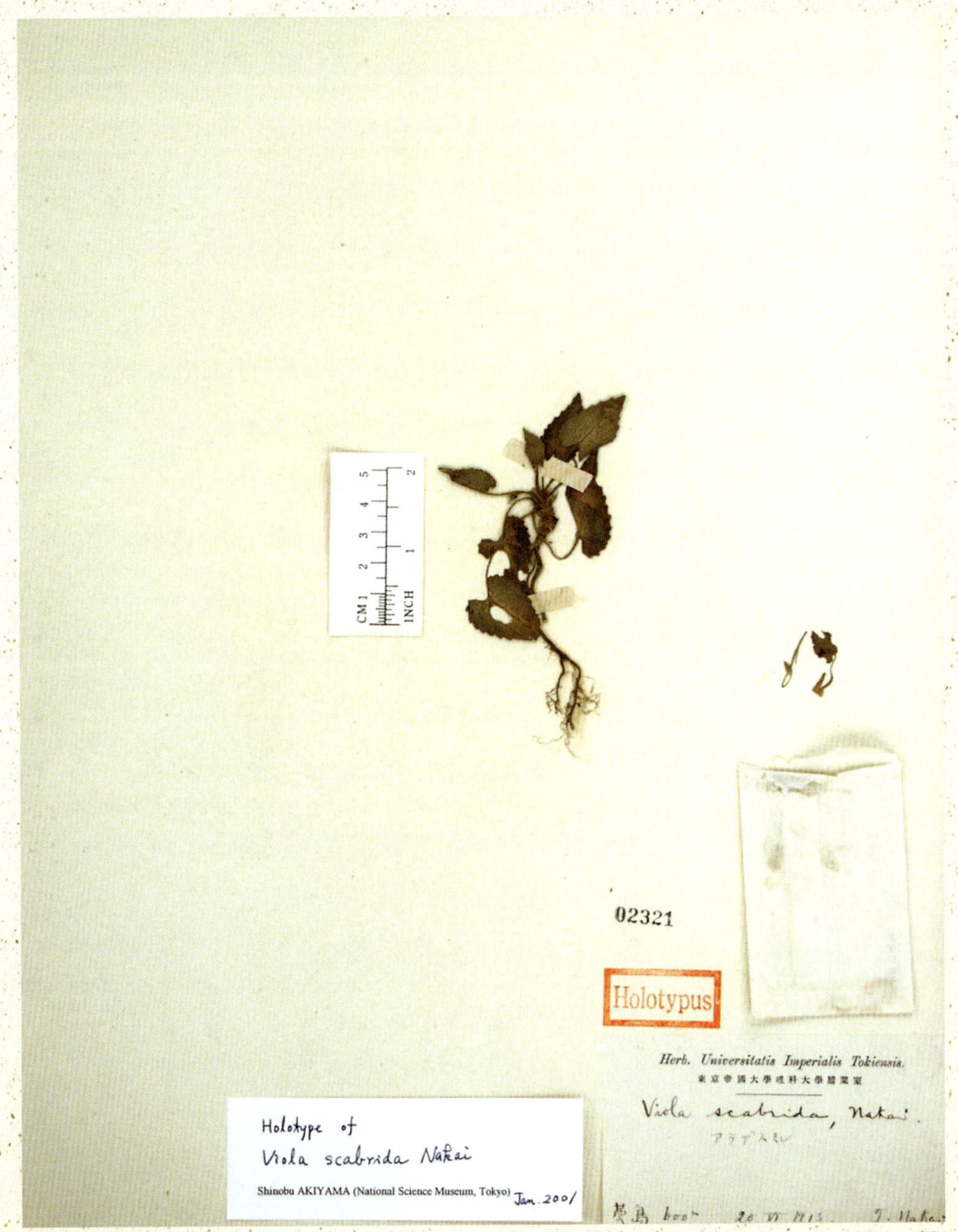

Provided from the Herbarium, University of Tokyo(TI)

성긴털제비꽃 표본

줄민둥뫼제비꽃

줄민둥뫼제비꽃(2011년 4월 13일_제주도)

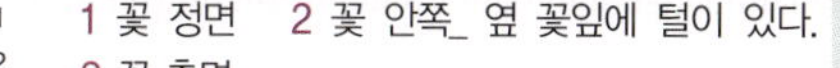

1 꽃 정면 2 꽃 안쪽_ 옆 꽃잎에 털이 있다. 3 꽃 측면

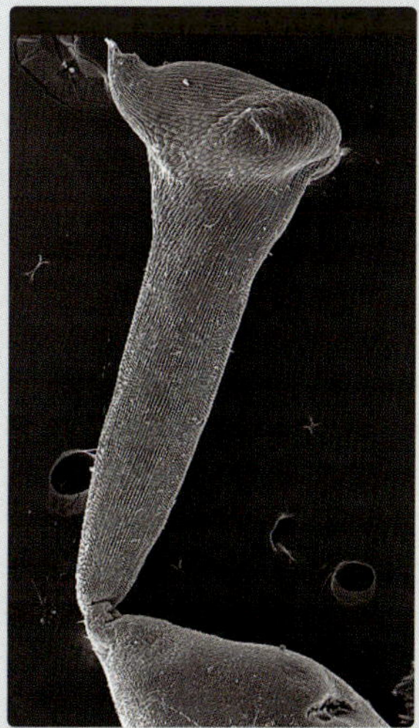

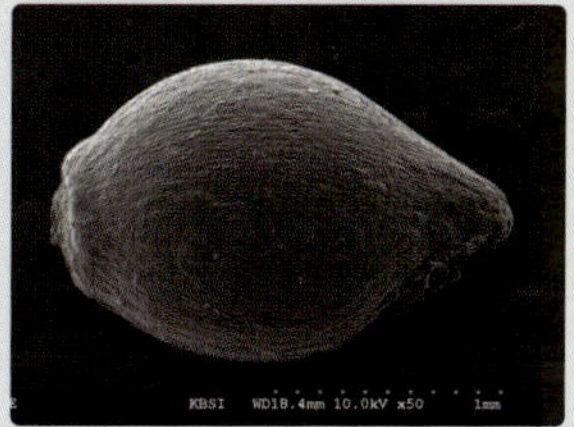

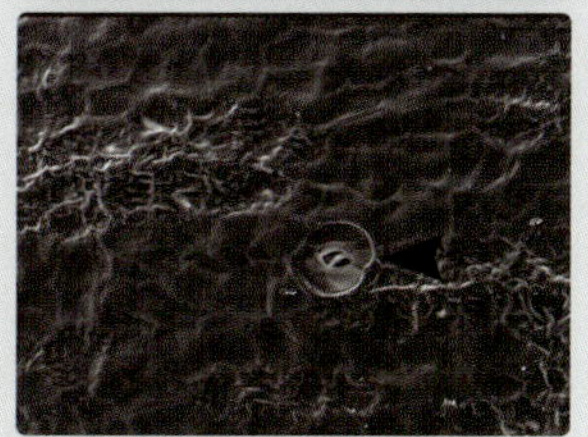

1 암술 측면_ 암술머리에는 연부가 발달한다. 2 타원형 종자 3 종자 표면에 그물 모양의 큐티클층이 있으며 기공이 있다.

흰민둥뫼제비꽃

흰민둥뫼제비꽃(2008년 4월 5일_삼악산)

1 1 꽃 정면_ 아래 꽃잎과 옆 꽃잎에 자색 줄무늬가 있으며 옆 꽃잎에 털이 있다. 2 개방화기의 지상부 전체

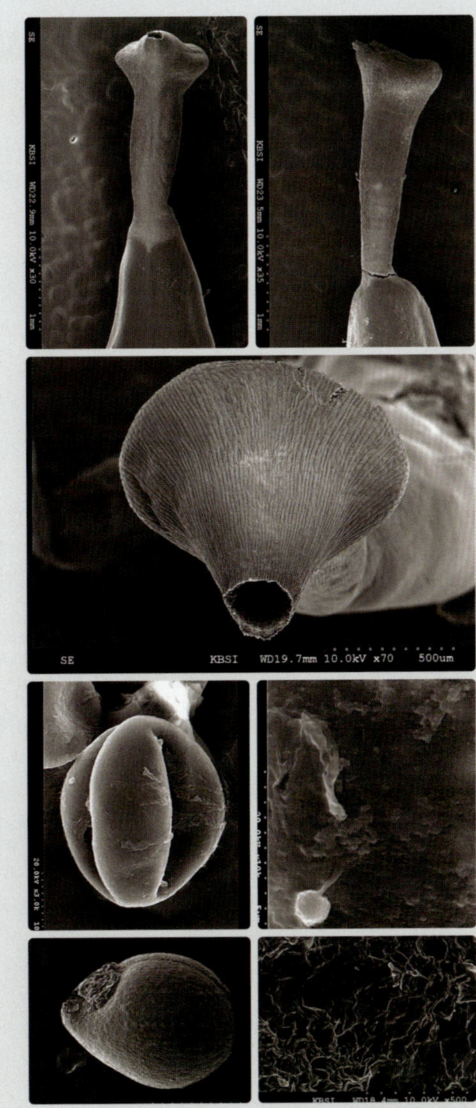

1	2
3	
4	5
6	7

1 암술 정면 2 암술 측면 3 암술머리 윗면_ 부리는 앞쪽을 향하고 가장자리에 연부가 발달한다. 4 꽃가루는 3~4공구형_ 적도면에서 본 3공구형 꽃가루 5 꽃가루의 표면 무늬는 세망상문이며 표면은 매끄럽지 않다. 6 타원형 종자 7 종자 표면에 불규칙한 큐티클층이 침적되어 있다.

흰줄민둥뫼제비꽃

1
2
흰줄민둥뫼제비꽃_ 1 2006년 4월 1일 주왕산 2 2006년 4월 25일 춘천

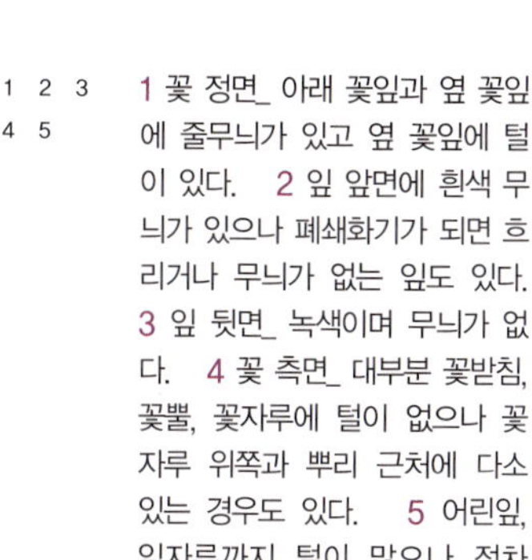

1 2 3
4 5

1 꽃 정면_ 아래 꽃잎과 옆 꽃잎에 줄무늬가 있고 옆 꽃잎에 털이 있다. 2 잎 앞면에 흰색 무늬가 있으나 폐쇄화기가 되면 흐리거나 무늬가 없는 잎도 있다. 3 잎 뒷면_ 녹색이며 무늬가 없다. 4 꽃 측면_ 대부분 꽃받침, 꽃뿔, 꽃자루에 털이 없으나 꽃자루 위쪽과 뿌리 근처에 다소 있는 경우도 있다. 5 어린잎, 잎자루까지 털이 많으나 점차 줄어든다.

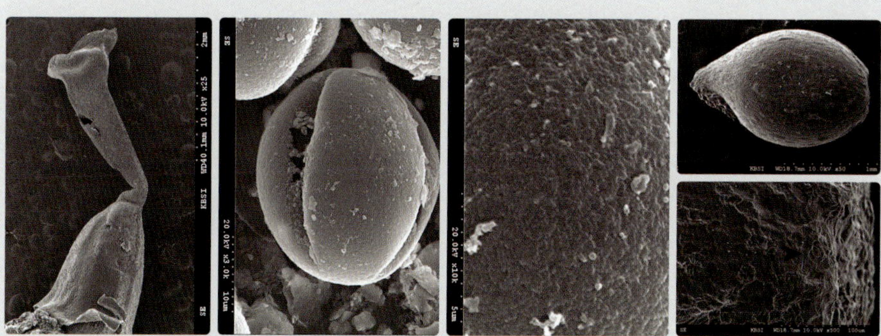

1 2 3 4
5

1 암술 측면, 암술머리에는 연부가 발달한다. 2 꽃가루는 3~4공구형_ 적도면에서 본 3공구형 꽃가루 3 꽃가루 표면 무늬는 세망상문이며 표면은 울퉁불퉁하다. 4 타원형 종자 5 종자 표면에 불규칙한 큐티클층이 침적되어 있고 기공이 있다.

제비꽃

Viola mandshurica W. Becker

제비꽃은 우리나라 전역에 분포하여 가장 흔하고 쉽게 만날 수 있는 꽃 중의 하나이다. 그러나 정작 제비꽃이란 이름은 조금은 막연한 느낌이 든다. 하늘을 나는 '제비'를 닮았다는 것인지, 아니면 '뜯어국'이란 별명이 있는 '수제비'에서 '수' 자를 뺀 것인지 오리무중이다. 이름의 명쾌한 의미를 알 수 있으면 좋으련만 우리나라 식물 이름의 대부분은 그렇지 못하여 아쉬움이 크다. 제비꽃은 해가 드는 양지쪽이면 여지없이 그 보라색 꽃을 만날 수 있고, 생명력도 강해 화단의 돌 틈이나 바위틈, 공터나 밭둑에서도 볼 수 있다. 봄의 상쾌한 햇살과 바람에 보라색 꽃잎이 어우러져 연출하는 풍경이 여간 멋지지 않다. 이른 봄 남쪽의 한 지방을 여행하다가 공사를 시작한 지 얼마 안 된 듯한 공사장 공터에 제비꽃이 가득 피어 있는 것을 발견한 적이 있었다. 넋을 놓고 한

참을 바라보았는데, 양지쪽을 좋아하는 제비꽃으로서는 적당한 자생지를 찾았다 하겠으나 언제 어떻게 변할지 모를 환경에 먹먹해 했던 기억이다. 어쨌든 을씨년스러운 겨울을 보내고 이른 봄에 만나는 진한 보라색 꽃은 충분히 환영받을 만큼 예쁘고 생기가 돌았다.

언젠가 한 번은 야외로 식물 관찰을 갔는데 어른뿐만 아니라 어린이들도 여러 명 참가해서 설명의 수준을 어디에 맞출지 고민이었다. 설명이 늘어지거나 조금이라도 어려우면 아이들은 이내 관심을 잃어버리므로 흥미를 유발할 만한 이벤트가 필요했다. 그런데 이른 봄에는 마땅한 것이 그리 많지 않아 갯버들 줄기를 잘라 버들피리를 만들거나 낙엽송의 새 가지를 잘라 껍질을 벗겨 장난감 꼬리를 만들어 주는 것이 고작이다. 이번에는 좀 색다른 경험을 시켜 주려고 제비꽃으로 반지를 만들어 꼬마에게 주었다. 제비꽃은 꽃자루가 하나라 다른 개체에서 한 개를 더 잘라 내어 꽃뿔 쪽을 얽어매면 두 개의 꽃이 연결되면서 화려한 보석이 박힌 보라색 반지가 만들어진다. 뒤로 나와 있는 꽃자루를 손가락에 밀어 넣고 고정시키면 세상에 하나뿐인 반지 완성! 여기저기서 예쁘다는 탄성이 터져 나오고 내게 손가락을 내민 친구들이 늘어났다. 어른들까지 관심을 보여 한참 동안 반지를 만들어야 했다. 서로에게 반지를 만들어 주며 오랜만에 동심으로 돌아가 즐거운 시간을 보냈다. 그때 그곳에 있던 사람들에게 제비꽃은 단순한 식물이 아니라 추억이라는 의미를 지니게 될 것이다.

제비꽃의 종소명 '*mandshurica*'는 만주 지방에서 자란다는 뜻이며, 우리 이름은 제비가 돌아올 무렵에 꽃이 핀다고 하여 붙여진 이름이다. '오랑캐꽃', '장수꽃', '씨름꽃', '민오랑캐꽃', '병아리꽃', '외나물', '옥녀제비꽃', '앉은뱅이꽃', '가락지꽃', '참제비꽃', '참털제비꽃', '큰제비꽃'이라고도 부른다. 어린순

1 2 3 4 제비꽃_ 1 2006년 4월 27일 치악산 2-3 2004년 4월 15일 안수산 : 산지 경사면, 노지, 능선 등 생육지가 다양하며 꽃 색깔의 변이가 심하다. 꽃 색깔에 따라 여러 가지 변종과 품종으로 나누기도 한다. 4 2009년 4월 23일 제주도

1 2 3 1 개방화기의 잎 앞면 2 폐쇄화기의 잎 3 폐쇄화기의 잎 앞면

은 나물로 먹는다. 타이완, 러시아(아무르, 우수리), 일본, 만주를 포함한 중국, 한국에 분포하고, 우리나라에서는 전국적으로 서식한다.

형태적 특징

줄기와 뿌리

뿌리줄기는 짧고, 뿌리는 두껍고 길게 신장하며 색깔은 황갈색 또는 진한 갈색이다.

잎

잎은 여러 개가 모여 나고 모양은 장타원상 피침형이며 길이는 3~8cm, 폭은 1~2.5cm이다. 잎끝은 예두, 밑부분은 평저 또는 유저이며, 가장자리에는 둔한

1 꽃 정면 2 꽃 안쪽_ 옆 꽃잎에 털이 있다. 3 꽃 측면

톱니가 있다. 잎의 양면에는 대부분 털이 없지만 드물게 맥 위나 엽저에 약간 있는 개체도 있다. 잎자루는 3~15cm이고 뚜렷한 날개가 있다. 개방화가 시든 후 잎 모양은 좁은 삼각상 피침형으로 변하며 잎자루의 날개는 현저하게 커진다. 턱잎은 선상 피침형이고 길이는 1.2~2.5cm이며 가장자리에는 톱니가 있다.

꽃

꽃은 좌우 대칭이며 지름은 1~2.5cm이고 4~5월에 진한 자색으로 핀다. 꽃자루는 길이가 5~20cm 정도이고, 작은 잎 모양의 소포는 꽃자루의 중간 부분에 있다. 꽃받침은 피침형 또는 넓은 피침형이며 가장자리에는 톱니가 없고 길이는

0.4~0.9cm이다. 끝은 예두이고 털이 없으며 뒤쪽은 거의 갈라지지 않는다. 꽃잎은 길이가 12~17mm이며, 옆 꽃잎에는 부드러운 털연모이 있다. 아래 꽃잎에는 뚜렷한 자색 줄이 있으며 옆 꽃잎과 위 꽃잎에도 흐리지만 줄무늬가 나타난다. 꽃뿔은 원통형이고 길이는 5~8mm이다. 수술은 5개이고, 씨방에는 털이 없다. 암술대의 윗부분은 편평하며, 뚜렷한 돌출부가 있어 곤충의 머리 모양과 비슷하고 앞으로 돌출된 짧은 부리 끝에 주두공이 있다.

열매와 종자

열매의 길이는 10~15mm이고, 모양은 넓은 타원형이며 털이 없다. 종자는 갈색 또는 진한 갈색이고, 길이는 1.6~1.9mm이다.

생육 습성

여러해살이풀로, 전국의 낮은 지역이나 언덕의 햇빛이 잘 드는 곳과 초지에서 자란다.

비슷한 종류

호제비꽃(*V. yedoensis* Makino)과 비슷하지만 호제비꽃은 옆 꽃잎에 털이 없고 잎과 잎자루에 털이 있어 구별된다. 흰제비꽃(*V. patrinii* DC. ex Ging.)과는 흰제비꽃의 꽃이 흰색이고 꽃뿔의 길이가 2~3mm로 짧으며, 꽃자루의 소포가 중간보다 아래쪽에 달려 있어 차이가 난다. 제비꽃에 비해 꽃은 흰색으로 피고 꽃잎에 자색 줄이 있는 것을 백령제비꽃(*V. mandshurica* for. *hasegawa* Hiyama, 국명 신칭)이라 하고, 거문도에서 채집된 제비꽃과 비슷한 종류를 거문제비꽃(*V. oldhamiana*

Nakai)이라 하지만 통합하는 견해도 있다.

잡종

제비꽃과 남산제비꽃의 교잡 형태를 완산제비꽃(*V. wansanensis* Y. Lee)이라 하며 전라북도 완산에서 자란다. 꽃의 모양은 제비꽃과 닮았으나 잎은 제비꽃 바탕에 단풍제비꽃이 섞인 모양으로 나타나 제비꽃과 남산제비꽃 사이에 이루어진 자연 교잡종에서 유래된 종류로 추정한다(이영노, 2004).

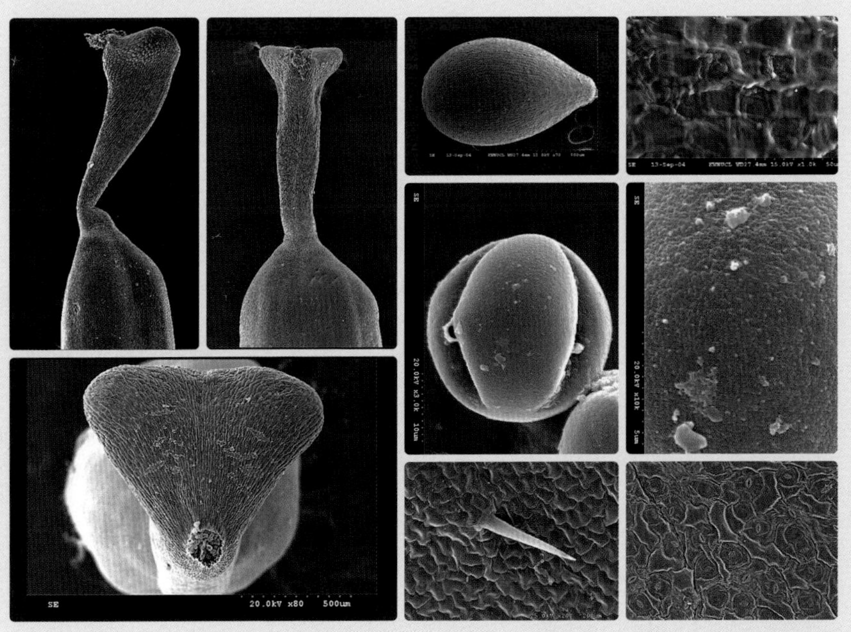

1	2	3	4
		5	6
7		8	9

1 암술 측면 2 암술 정면 3 타원형 종자 4 종자 표면에 4각형~5각형의 큐티클층이 있다. 5 꽃가루는 3~4공구형_ 적도면에서 본 3공구형 꽃가루 6 꽃가루 표면 무늬는 세망상문이며 표면은 울퉁불퉁하다. 7 암술머리 윗면_ 편평하며 좌우측에 연부가 발달한다. 8 잎 앞면의 표피세포 9 잎 뒷면의 표피세포_ 기공이 많이 분포한다.

백령제비꽃

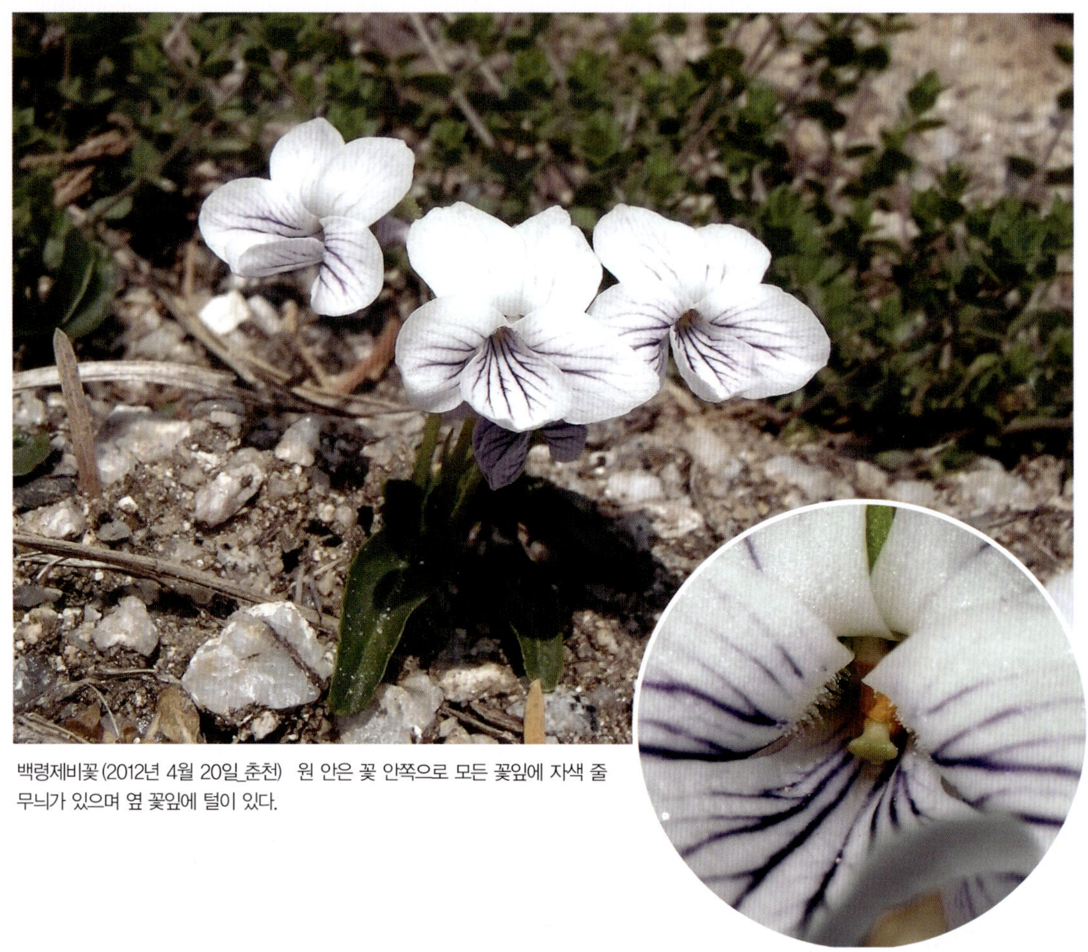

백령제비꽃 (2012년 4월 20일_춘천) 원 안은 꽃 안쪽으로 모든 꽃잎에 자색 줄 무늬가 있으며 옆 꽃잎에 털이 있다.

1 2 3 4 1 꽃 측면_ 꽃자루에 털이 많으며 꽃받침에도 다소 있고 꽃받침 뒤쪽은 약간 갈라진다. 2 개방화기의 잎 앞면 3 개방화기 잎의 뒷면 4 폐쇄화기가 되면서 잎이 커지고 잎자루의 날개도 커진다.

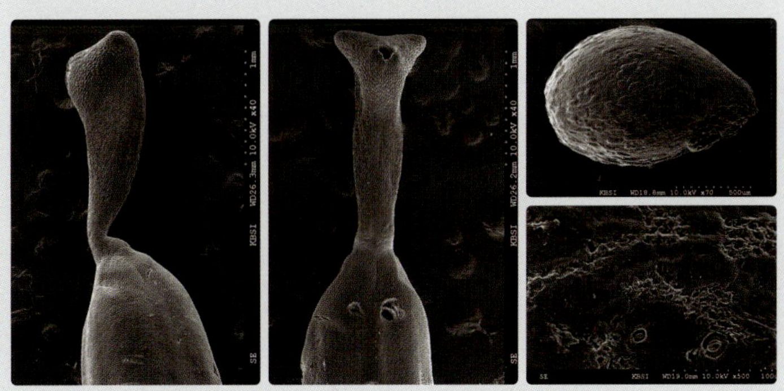

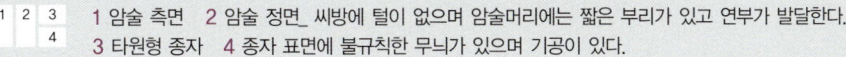

1 2 3 4 1 암술 측면 2 암술 정면_ 씨방에 털이 없으며 암술머리에는 짧은 부리가 있고 연부가 발달한다. 3 타원형 종자 4 종자 표면에 불규칙한 무늬가 있으며 기공이 있다.

Provided from the Herbarium, University of Tokyo(TI)

거문제비꽃 표본

호제비꽃

Viola yedoensis Makino

봄이 되면 숲은 하루가 다르게 변해 간다. 마치 약속이라도 한 듯이 하얀색 눈꽃을 벗어 버리고 녹색 옷으로 갈아입는다. 매년 그 무렵이 되면 올해도 봄 식물을 모조리 사진으로 담겠다고 다짐하지만 시간이 지나고 나면 몇십 종 담아내는 것이 고작이다. 그나마 제대로 건질 만한 것은 별로 없다. 게으른 탓도 있겠지만 빠르게 변화하는 식물의 세계를 제대로 좇아가지 못한 이유도 있다. 그래서 요즘은 전략을 바꿨다. 매년 특정한 곳을 같은 시기에 연속해서 방문하는 것이다. 물론 야생 식물과 볼거리가 많아야 하고 환경 변화가 크지 않은 숲이 있어야 해마다 방문하는 의미가 있다. 언뜻 생각하면 그런 장소가 여러 군데 있을 것도 같은데 곰곰이 꼽아 보니 머릿속에 뚜렷하게 남는 곳이 별로 없다. 식물조사를 위하여 여러 곳을 돌아다녀 우리나라에서 경치 좋은 곳을 많

1
2
호제비꽃_ 1 2009년 3월 27일 청주 2 2008년 4월 20일 태화산이 알고 있을 테니 추천해 달라는 질문에 어디 한 군데를 바로 떠올리지 못하는 것처럼 말이다. 그래도 한 곳을 뽑으라면 강원도 태백의 대덕산과 금대봉 생태계보전지역을 꼽고 싶다. 적어도 1년에 2번 이상은 방문하는 것 같다. 사람들에게는 한강의 발원지 '검룡소'가 있어 관심을 받지만 식물을 연구하는 사람으로서는 다양한 식물이 자생하고 있을 뿐 아니라 주변과 잘 어우러져 아름다운 숲을 만들어 내고 있다는 점에서 최고이다, 특히 필자에게는. 그곳을 다녀오면 항상 며칠 동안은 기분이 좋다. 아름다운 눈요기로 밝아진 눈과 자연의 풍성함을 맘껏 느낀 좋은 감성이 머릿속에 남아 있기 때문이다. 십여 년 동안 매년 가다 보니까 어느 곳에 어떤 식물이 자라는지, 작년에 비해 올해 식물들의 생육 정도는 어떠한지를 비교할 수 있어 자연학습장이 따로 필요 없다.

한번은 즐겁게 산행을 마치고 내려와 주차장 근처에서 잠시 휴식을 취하는데, 바닥의 자갈 틈 사이로 수줍은 듯 고개를 내민 보라색 꽃이 눈에 들어왔다. 기껏해야 5센티미터 남짓한 작은 키였지만 그 틈 속에서 꽃까지 피우고 있으니 인내와 끈기가 대단한 식물이란 생각이 들었다. 자세히 들여다보면서도 좀 생소하단 느낌이 들었을 뿐, 화려한 꽃들을 실컷 보고 난 뒤라 대수롭지 않게 여기고 귀가를 서둘렀다. 자동차가 출발하고 5분쯤 지났을까? 갑자기 머릿속을 스쳐 지나가는 제비꽃이 하나 있었다. 호제비꽃으로, 조금 전에 보았던 보라색 꽃이 지금까지 찾지 못해 애를 태웠던 호제비꽃이 아닐까 하는 생각이 들었다. 머릿속은 이런 생각들로 복잡한데 이미 자동차는 주차장을 향해 되돌아가고 있었다. 그날 결국 그곳에서 호제비꽃을 만날 수 있었다. 언뜻 보면 흔한 제비꽃 같아 보이지만 꽃자루에 나 있는 털의 특징으로 제비꽃과 구별할 수 있다. 호제비꽃은 주차장 자갈밭에 여러 개체가 자라고 있었다. 혹시나 했던 느낌이 적중한 것이었다. 그날은 산에서, 그리고 별 볼 일 없을 것 같았던 주차장에서 귀한 자료를 찾은 즐거운 날이었다. 그날 이후 그곳을 방문할 때면 전보다 관찰 코스가 길어졌다. 등산로 입구가 아니라 주차장에서부터 관찰을 시작하기 때문으로 걷는 거리도 더 늘어났다. 이 모든 것이 호제비꽃 덕분이다. 이후로는 다른 곳에 조사를 나가서도 혹시 모를 다른 종류가 있는지 조금 더 세심히 살피게 되었다. 그런 우연한 발견이 계속 이어졌으면 좋겠다는 바람을 품고서 말이다.

호제비꽃의 종소명 '*yedoensis*'는 일본 도쿄 지방의 지명에서 기원한 것이며, 우리 이름은 잎자루에 나 있는 털이 사이좋게 서로 마주보고 있는 것에서 기원한 것이 아닌가 싶다. '들오랑캐', '들제비꽃'이라고도 부른다. 일본, 중국, 한국에 분포하며, 우리나라에는 함경북도, 함경남도, 황해북도, 황해남도, 경기도, 충청북도, 전라남도, 강원도 지방의 낮은 곳에 주로 자란다.

형태적 특징

줄기와 뿌리

뿌리줄기는 짧고, 뿌리는 두껍고 길며 흰색이다.

잎

잎은 여러 개가 한꺼번에 모여 나고 꽃이 핀 다음에도 계속 자라며 좁은 삼각상 피침형이다. 잎의 길이는 3~6cm, 폭은 1~2cm이고 끝은 예두, 밑부분은 유저 또는 평저이며, 가장자리에는 파상의 톱니가 있다. 잎 양면에는 털이 있고, 잎자루는 2~15cm로 잎몸보다 짧으며 털이 있고 좁은 날개가 있다. 꽃이 핀 후 잎은 좁은 삼각형으로 변한다. 턱잎은 선상 피침형이며 길이는 1.2~2.5cm이고 가장자리에 톱니가 있다.

꽃

꽃은 좌우 대칭이며 지름은 1.2~2cm이고 3~4월에 자색으로 피는데 안쪽은 흰색이다. 꽃자루는 길이가 5~11cm 정도이며 털이 있고, 소포는 꽃자루의 중간 부분에 있다. 꽃받침은 피침형 또는 넓은 피침형이고 뒤쪽은 톱니가 없거나 미약하게 있다. 길이는 5~9mm이며 끝은 예두이다. 일반적으로 꽃받침에 털은 없으나 간혹 꽃받침 뒤쪽 가장자리로 약간 있는 개체도 있다. 꽃잎은 길이가 10~14mm이고 옆 꽃잎에는 털이 없다. 옆 꽃잎과 가장 아래쪽 꽃잎의 아랫부분은 가끔 진한 청자색을 띠기도 한다. 꽃뿔은 가늘고 원통형이며 길이는 4~7mm이다. 수술은 5개이고, 씨방에는 털이 없다. 암술대의 윗부분은 편평하며 연부가 발달하고 앞부분에 짧은 부리가 있다.

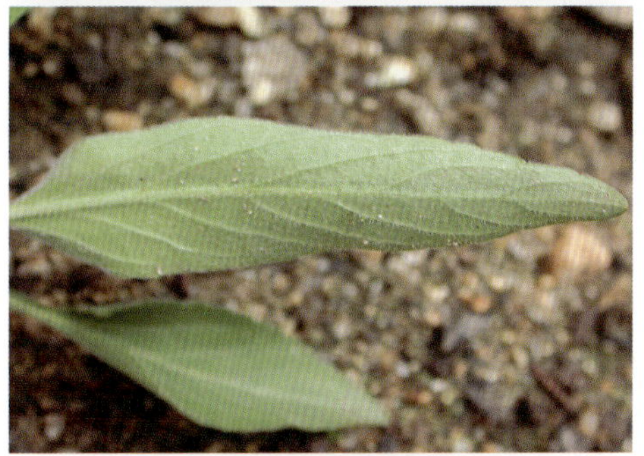

1 잎 앞면_ 털이 있다. 2 잎 뒷면_ 털이 있다.
3 꽃 정면_ 옆 꽃잎에 털이 없다.

열매와 종자

열매의 길이는 8~10mm 정도이며 긴 타원형이고 털은 없다. 종자는 황갈색이며

길이는 1.2~1.7mm이다.

생육 습성

여러해살이풀로, 낮은 곳 초지 주변 또는 양지바른 곳에서 주로 자란다.

비슷한 종류

어렸을 때는 제비꽃(*V. mandshurica* W. Becker)과 유사하여 동정에 혼란을 일으키는데, 제비꽃은 옆 꽃잎에 털이 있지만 호제비꽃은 털이 없고 꽃자루에 가로 방향으로 털이 많아 구별된다. 또 꽃이 피는 시기가 제비꽃에 비해 다소 빨라 이른 봄에 꽃을 피운다. 호제비꽃에 비해 잎이 계란 모양인 것을 경성제비꽃(*V. yamatsutai* Ishidoya)이라 구분하기도 하는데 재검토가 필요한 분류군이다.

1
2

1 꽃 측면 2 열매(삭과)와 꽃자루_ 꽃자루에 짧은 털이 밀생한다.

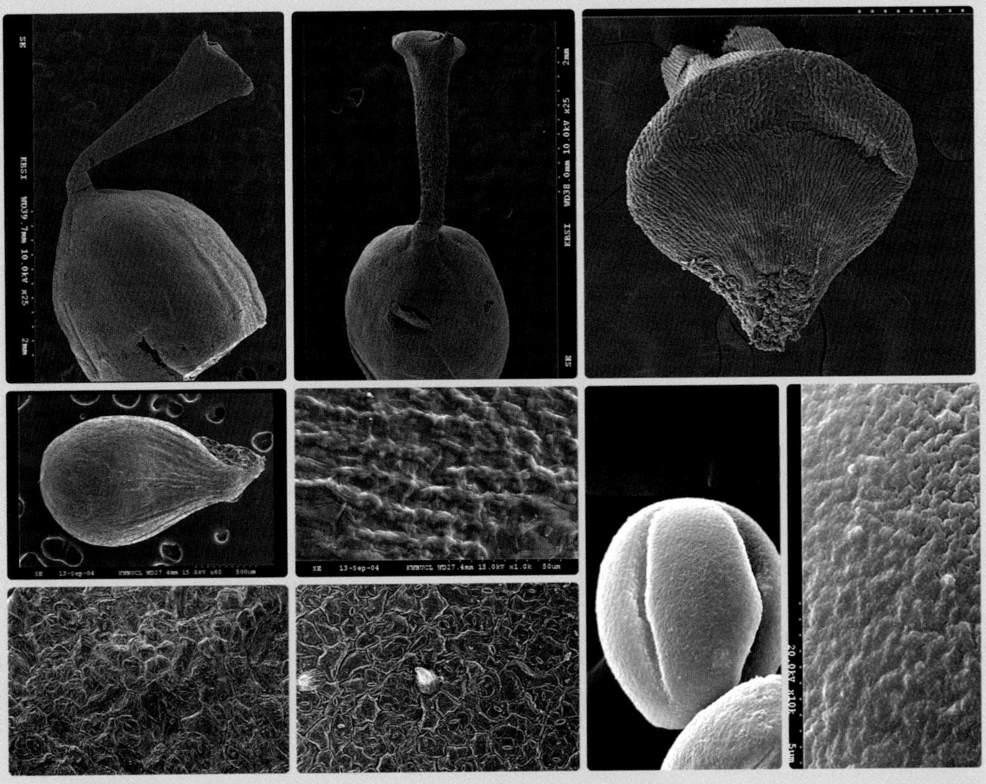

1 2 3
4 5 6 7
8 9

1 암술 측면 2 암술 정면_ 씨방에 털이 없다. 3 암술머리 윗면_ 편평하며 연부가 발달한다. 4 타원형 종자 5 종자 표면은 종피세포를 따라 불규칙한 돌기가 있어 울퉁불퉁하다. 6 꽃가루는 3~4공구형_ 적도면에서 본 3공구형 꽃가루 7 꽃가루 표면 무늬는 미세 망상문이며 표면은 울퉁불퉁하다. 8 잎 앞면의 표피세포 9 잎 뒷면의 표피세포_ 기공이 많이 분포한다.

흰제비꽃

Viola patrinii DC. ex Ging.

동물 생태학에서 사용하는 용어 중 각인현상刻印現狀이란 말이 있다. 아주 어린 동물이 특정 사물에 대해 빠른 시간 안에 학습 과정을 통해 얻는 지식의 형태를 말한다. 예를 들어 몇몇 종의 새끼 오리는 알에서 깨어난 후 처음 본 움직이는 물체를 계속 따라다니게 되는데, 이러한 현상을 각인이라 한다. 이 실험은 오스트리아의 동물학자이자 동물 행동을 연구하는 지금의 동물 행동학 분과의 창시자인 로렌츠Konrad Lorenz라는 학자가 정립하였다. 사람도 어릴 적 버릇이 여든까지 간다는 속담이 있듯이 어릴 적 경험이 성인이 되어서도 인격 소양에 중요한 영향을 미친다. 공부할 때도 잘못된 처음의 경험이 각인되어 오랫동안 기본적인 것에 혼란을 일으키는 경우가 종종 있다.

식물은 주로 비슷한 이름이 원인이 된다. 예를 들면 절굿대와 절국대, 너도밤나무와 나도밤나무, 갈퀴덩굴과 갈퀴나물 같은 것이다. 이들은 속한 과科도 다르고 계통학적으로 전혀 연관성이 없는 종류들이다. 그럼에도 울릉도에서만 볼 수 있는 너도밤나무가 다른 어느 지역에 분포한다는 등의 잘못된 보도가 가끔 나오기도 한다. 식물 이름 어두에 붙는 '너'와 '나'의 차이 때문에 생긴 문제이다. 개인적으로는 처음 그 식물을 알게 되었을 때 특징을 제대로 각인시키지 못한 때문이라 생각한다.

전문적으로 연구하는 종임에도 제비꽃 종류 중에서 흰색 꽃이 핀다는 특징 때문에 잘못 기억한 종이 있었다. 바로 흰제비꽃으로, 순백색의 꽃이 피고 개화기 때의 잎 모양이 장타원상 피침형 또는 좁은 삼각상 피침형이라는 공통점 때문에 흰젖제비꽃이 있음에도 흰색 꽃만 보면 흰제비꽃으로 동정하기 일쑤였다. 그러나 이들의 분포는 자생지가 뚜렷하게 구별된다. 흰제비꽃은 낮은 지역부터 어느 정도 높은 지역의 양지바른 초지 부근까지 넓은 분포역을 갖는 데 비해 흰젖제비꽃은 대부분 낮은 지역에서 자란다. 아무리 분류학이 어렵다고는 하지만 이런 어처구니없는 실수를 계속하다 보면 스스로에게 화도 나고 맥도 빠진다. 나의 잘못된 지식으로 그동안 발표한 많은 보고서에 거짓말을 써 놓은 셈이 되었으니 이 일을 어찌해야 좋을지 난감 지경이다. 식물 한 가지 한 가지를 관찰하고 동정하는 데 더 많은 노력과 세심함이 필요하다는 사실을 새삼 느끼게 한다.

흰제비꽃의 종소명 '*patrinii*'는 프랑스의 식물학자 E.L.M. Patrin의 이름에서 기원되었다고 하며, 우리 이름은 꽃의 색깔을 보고 붙였다. '흰오랑캐', '털흰씨름꽃', '흰씨름꽃', '민흰제비꽃', '털대흰제비꽃', '털흰제비꽃'이라고도 부른다. 러시아(시베리아 동부, 사할린, 아무르, 우수리), 일본, 만주를 포함한 중국, 한국에 분포하며, 우리나라에는 전국의 낮은 습지나 고지대의 양지쪽에서 자란다.

흰제비꽃(2011년 4월 29일_불갑산)

형태적 특징

줄기와 뿌리

뿌리줄기는 짧고, 뿌리는 두껍고 길며 황갈색 또는 진한 갈색이다.

잎

잎은 여러 개가 모여 나며 꽃이 핀 후에도 자란다. 모양은 좁은 삼각상 피침형이고 길이는 2.5~8cm, 폭은 1~2cm이다. 잎끝은 예두 또는 둔두이며, 밑부분은 편평하고 가장자리에는 둔한 톱니가 있다. 잎 양면에는 대부분 털이 없지만 드물게 있는 것도 있으며, 잎자루는 4~12cm로 잎몸보다 길고 뚜렷한 날개가 있어 엽저에서 흐르는 듯한 형태를 하기도 한다. 개방화가 시든 후 잎 모양은 상대적으로 넓어진다. 턱잎은 선상 피침형이고 길이는 1.2~2.5cm이며 가장자리에 톱니가 있다.

꽃

꽃은 좌우 대칭이며 지름은 2~2.5cm이고 4~5월에 흰색으로 핀다. 꽃자루는 길이 7~15cm 정도이고, 잎 모양의 작은 소포는 꽃자루의 중간 아랫부분에 붙는다. 꽃받침은 피침형이며 뒤쪽은 갈

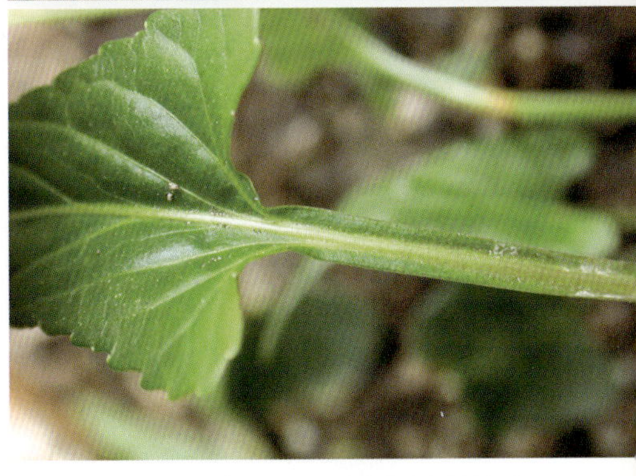

1 개방화기의 잎 앞면 2 개방화기의 잎 뒷면 3 폐쇄화기의 잎 앞면

1
2 3

1 흰제비꽃(2005년 4월 29일_제주도) 2 꽃 측면 3 꽃 정면_ 옆 꽃잎에 털이 있다.

라지지 않고, 길이는 5~9mm이며 끝은 예두이고 털은 없다. 꽃잎은 길이가 10~13mm이며, 옆 꽃잎에는 연모가 있고 아래 꽃잎과 함께 가느다란 자색 줄이 있으며 개체에 따라서는 모든 꽃잎에 자색 줄무늬가 있는 경우도 있다. 꽃뿔은 짧은 원통형이며 길이는 2~3mm이다. 수술은 5개이고, 씨방에는 털이 없다. 암술대 윗부분은 편평하며 연부는 위로 돌출하고 앞부분에 짧은 부리가 있다.

열매와 종자

열매는 넓은 타원형이며 길이는 13~15mm 정도이고 털은 없다. 종자는 진한 갈색이며 길이는 1.5~1.6mm이다.

생육 습성

여러해살이풀로, 습지 주변과 고산 초지라는 대조적인 환경에서 자라지만 분포역은 넓지 않고 자생지에서도 몇 개체씩 산발적으로 자란다.

비슷한 종류

형태적으로는 제비꽃(*V. mandshurica* W. Becker)과 비슷하나 제비꽃은 꽃이 홍자색이며 꽃뿔의 길이가 5~8mm로 길고 소포는 꽃자루의 중간에 달려 차이가 난다. 이름이 비슷한 종류로는 흰젖제비꽃(*V. lactiflora* Nakai)이 있는데, 흰젖제비꽃은 뿌리가 흰색 또는 담갈색이고 잎 모양이 넓은 삼각상 피침형이며 잎자루의 날개가 매우 좁아 차이가 있다.

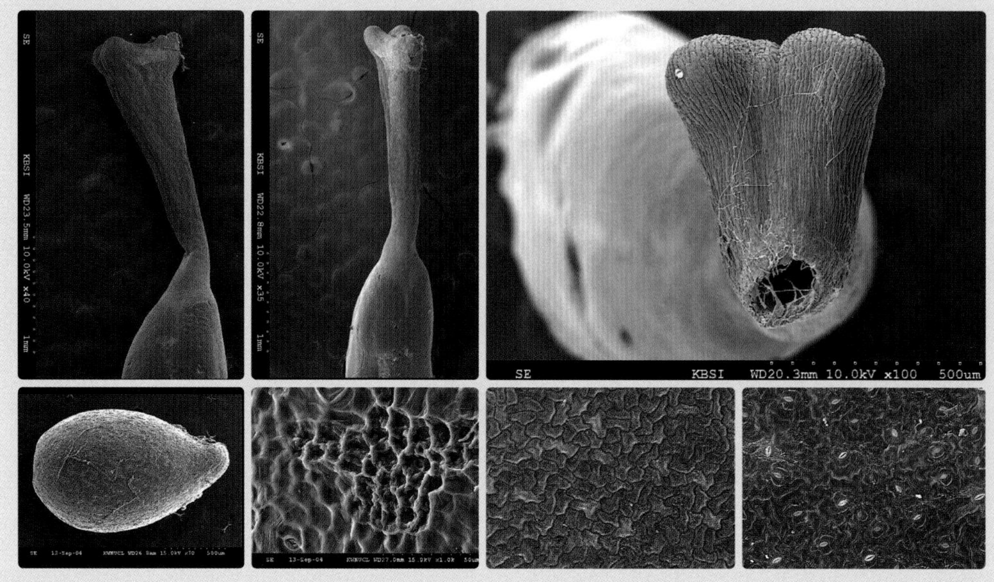

1 암술 측면　2 암술 정면_ 씨방에 털이 없다.　3 암술머리 윗면_ 편평하며 연부는 위로 돌출한다.　4 타원형 종자　5 종자 표면에는 큐티클층이 분포한다.　6 잎 앞면의 표피세포　7 잎 뒷면의 표피세포_ 앞면에 비해 기공이 많이 분포한다.

흰젖제비꽃

Viola lactiflora Nakai

그리 흔한 일은 아니지만 주변의 누가 쌍둥이를 낳았다거나 가졌다는 말을 간혹 듣게 된다. 출산할 때가 임박한 임산부가 남산만 한 배를 내밀고 왔다 갔다 하는 모습을 보고 있노라면 입가에 절로 웃음이 번지지만 정작 본인은 얼마나 힘들까 싶다. 특히 요즘처럼 남녀노소 가릴 것 없이 몸매 가꾸기에 열중하는 시대에 하나도 아닌 둘을 한꺼번에 배 속에서 키운다는 것은 어지간히 부담이 될 것이다. 그러나 10개월 동안 인내의 시간이 지나 일단 아기들이 태어나면 집안의 복덩이를 한꺼번에 둘이나 얻었으니 기쁨도 두 배가 된다. 어려서는 엄마가 힘이 들지만 시간이 좀 지나면 키우는 재미도 쏠쏠하다. 비슷하게 생긴 아이들이 얼굴도 행동도 같이하고 생활 패턴도 비슷해 차이 나는 형제를 키우는 것보다 힘이 덜 든다. 우리 고모가 슬하에 딸 쌍둥이를 두었다. 지금도 툇마루에서 번갈아 젖을 물리던 고모 모습이 선하다. 한 녀석의 배가 찰 때쯤이면 여지없이 기다리던 녀석이 울음으로 배고픔을 하소연하곤 했다. 그럴 때면 고모는 얼른 두 아이를 바꾸어 안았다. 그렇게 애지중지 키운 아이들은 이젠 어엿한 성인이 되어 직장도 다니고 한 명은 결혼도 했다. 집안에 일이 있어 다 같이 모일 때면 난 아무리 봐도 누가 언니고 동생인지 구분할 수가 없는데 고모 내외분은 거리낌 없이 정확히 구별한다. 낳고 키운 부모의 눈에는 행동이나 모습에 차이가 있어 특유의 구별점이 있는 것 같다.

비슷한 식물을 정확히 식별할 줄 안다면 훌륭한 분류학자임에 틀림없다. 쌍둥이처럼 비슷하게 생긴 종류는 미루어 두더라도 다른 종끼리 교잡해 만들어진 잡종 개체는 어지간해서는 구별해 내기가 어렵다. 더구나 인위적인 조작이 아니라 자연 상태에서 이루어지는 잡종 교잡은 구분이 더욱 힘들다. 제비꽃 종류만큼 자연 상태에서 잡종 형성이 자주 일어나는 것도 드물다. 그래서 사람마다 각각의 변이 형태를 어떻게 처리하느냐에 따라 새로운 종이 만들어지기도 하고 때로는 정상적인 종의 형태 특징을 다룬 기재문을 바꾸기도 한다. 이런 문제점을 극복하기 위하여 나름의 기준을 정해 제비꽃 종류별로 특징을 일목요연하게 정리해 개인 홈페이지에 올려놓은 것을 본 적이 있다. 변이 형태가 너무 많아 생각다 못해 내린 처방이란다. 일본의 유명한 제비꽃 전문가가 펴낸 도감에서도 정상적인 종류 이외에 야외에서 관찰한 수많은 잡종을 분류학적으로 어떻게 처리해야 할지 숙제로 남겨 놓았을 정도이다. 우리나라에 분포하는 제비꽃 종류 중에도 중간적 특징을 가지는 것이 있다. 비교적 최근에 만들어진 잡종은 아니고 오랫동안 교잡의 형태로 유지되어 온 흰젖제비꽃이 대표적이다. 이 종은 왜제비꽃과 흰제비꽃의 중간형으로 두 종의 특징을 모두 가지고 있다. 최근 들어 환경 변화로

흰젖제비꽃(2004년 4월 2일_양산시)

일시적인 변이 양상을 보이는 개체들이 마구 새로운 종으로 명명되어 우리나라의 제비꽃 종류가 해마다 늘어나고 있다. 신종 분류에 신중했으면 하는 마음과 더불어 인위적인 교잡 과정이나 여러 지역에서 수집된 표본 자료 등을 세심히 관찰하고 종합적으로 검토해야 이들에 대한 정확한 분류학적 위치 설정이 가능하리라 생각한다.

흰젖제비꽃의 종소명 '*lactiflora*'는 우유색이라는 뜻으로 꽃 색깔을 표현한 것이며, 우리 이름 역시 종소명의 뜻을 그대로 번역해 붙인 것 같다. '흰젖제비꽃', '흰젓오랑캐', '흰꽃오랑캐', '흰애기제비꽃'이라고도 부른다. 만주를 포함한 중국과 한국에 분포하며, 우리나라에는 전국에서 자라고 낮은 지역의 산지 숲속에서 볼 수 있다.

형태적 특징

줄기와 뿌리

뿌리줄기는 짧고, 뿌리는 두껍고 길며 흰색 또는 담갈색이다.

잎

잎은 여러 개가 모여 뭉쳐나기하고 꽃이 핀 후에도 자라며 넓은 삼각상 피침형이다. 잎의 길이는 3~8cm, 폭은 2~9cm이며, 잎끝은 예두, 밑부분은 화살 모양에 가깝고 가장자리는 얕게 둔한 톱니가 있다. 잎 양면에는 털이 거의 없으나 엽저에 약간 있는 개체가 있고, 잎자루는 3~20cm이고 털은 없으며 날개가 매우 좁다. 꽃이 핀 후 잎 모양은 넓은 삼각형으로 변한다. 턱잎은 선상 피침형이고 길이는 1.2~2.5cm이며 가장자리에 톱니가 있다.

1
2 4
3

1 폐쇄화기의 잎 앞면 2 폐쇄화기의 잎 뒷면 3 꽃 정면_ 옆 꽃잎에 털이 있다. 4 흰젖제비꽃 군락

꽃

꽃은 좌우 대칭이며 지름은 1.5~2cm이고 4~5월에 흰색으로 핀다. 꽃자루는 길이가 8~10cm 정도이며, 잎 모양의 소포는 선형으로 꽃자루의 중간 아랫부분에 붙는다. 꽃받침은 피침형 또는 넓은 피침형이고 뒤쪽은 갈라지지 않거나 가장자리에 톱니가 있다. 길이는 7~10mm이며 끝은 예두이고 털이 없다. 꽃잎은 길이가 10~13mm이며 옆 꽃잎에 연모가 있다. 아래 꽃잎과 옆 꽃잎에 자색 줄무늬가 있으나 옆 꽃잎에는 없는 개체도 있다. 꽃뿔은 원통형이고 길이는 6~8mm이다. 수술은 5개이며, 씨방에는 털이 없다. 암술대의 윗부분은 편평하며 뚜렷한 돌출부가 있고 앞부분에 짧은 부리가 있다.

열매와 종자

열매의 길이는 12~14mm 정도이며 장타원형이고 털은 없다. 종자는 갈색 또는 진한 갈색이며 길이는 1.5~1.6mm이다.

생육 습성

여러해살이풀로, 저지대의 등산로, 임도 등 양지바른 곳에서 자란다.

비슷한 종류

왜제비꽃(*V. japonica* Langsd. ex Ging.)에 비해서는 꽃이 희고 옆 꽃잎에 털이 있으며, 잎의 폭이 1~2cm인 흰제비꽃(*V. patrinii* DC. ex Ging.)에 비해서는 잎이 넓고 잎자루에 날개가 매우 좁아 각각 구별된다.

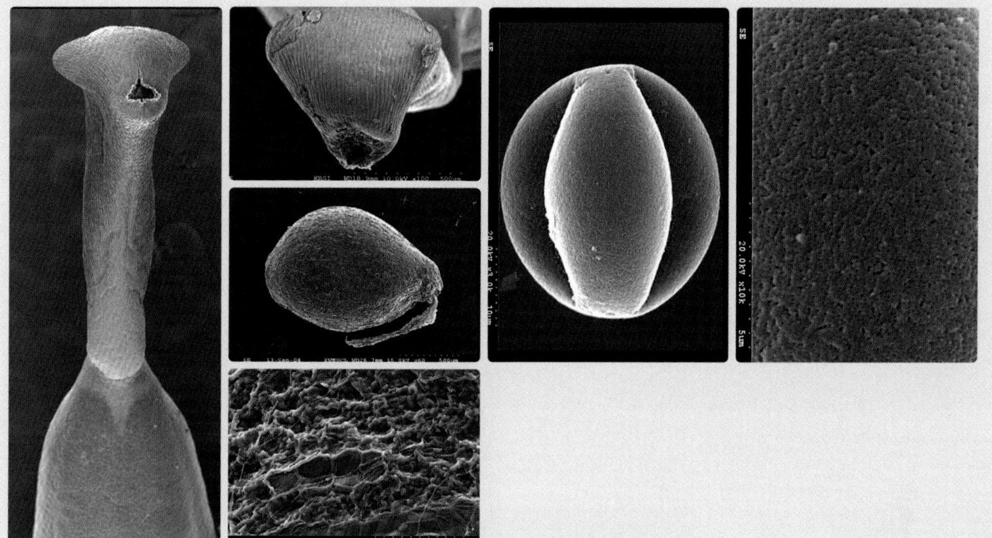

1 암술 정면_ 씨방에 털이 없다.　2 암술머리 윗면_ 뚜렷한 돌출부가 있으며 앞쪽으로 짧은 부리가 있다.　3 타원형 종자　4 종자 표면에 불규칙한 형태로 큐티클층이 침적되어 있다.　5 꽃가루는 3~4공구형_ 적도면에서 본 3공구형 꽃가루　6 꽃가루의 표면 무늬는 미세 망상문이며 표면은 과립처럼 울퉁불퉁하다.

흰제비꽃과 흰젖제비꽃의 비교

	옆 꽃잎의 털	잎자루의 날개	개방화기의 잎 모양	생육지
흰제비꽃	있음	엽저부터 흐르는 뚜렷한 날개가 있음	좁은 삼각상 피침형	주로 고산이나 해안
흰젖제비꽃	있음	날개가 거의 없음	넓은 삼각상 피침형	산지, 노지, 수변 등

부록

재배되고 있는 종류

분류학적 실체와 분포가 명확하지 않은 종류

연구가 진행 중인 종류

삼색제비꽃_재배종

Viola tricolor L.

스키나 아이스하키 같은 겨울 스포츠를 좋아하는 사람이라면 지나가는 겨울을 아쉬워하겠지만 그렇지 않은 사람은 가능한 한 빨리 추위가 가서 새싹이 돋는 봄이 오기를 기다린다. 겨우내 산과 들에 쌓였던 눈과 얼음이 녹아 졸졸졸 계곡물 소리가 높아지면 봄이 왔음을 실감하게 된다. 이 무렵 우리가 살고 있는 도시 주변에서는 제설 작업을 위해 뿌려 놓은 염화칼슘이 봄비에 섞여 도로를 진창으로 만들고 그 위를 달리는 차들은 장난이라도 치듯이 서로 흙탕물을 튀겨 댄다. 부지런한 지역에서는 소방차가 도로를 닦아 내느라 하얀 물줄기를 연신 뿜어 댄다. 겨울 방학에 이어 바로 이어지는 봄 방학에 학생들은 또 한 번의 꿀맛 같은 휴식을 취하지만, 방학에 이어지는 진급이나 상급학교 진학 또는 사회 진출 준비로 몸과 마음은 바빠진다. 그렇게 3월이 되면 새로운 마음으로 새 학기가 시작된다. 새로운 학급 친구를 만나고 과목마다 새 선생님이 들어오시는 등 한 달 정도는 서로를 알아가는 일종의 탐색 기간을 보내게 된다. 이런 학교 풍경이 무르익어갈 쯤이면 화단과 학교 진입로도 봄단장을 하느라 분주해진다. 봄이 온 것을 알리는 꽃단장이 대부분인데, 아직 꽃샘추위가 남아 있어서 보통 추위에 약한 종류는 제외되기 마련이다. 그럼에도 빠지지 않고 화단 한 귀퉁이를 차지하는 종류가 있다. 유럽의 북부 지방이 원산지인 흔히 '팬지'라고 불리는 삼색제비꽃이다.

삼색제비꽃은 1629년부터 정원에서 재배하였으며 19세기에 들어와 영국에서 다양한 품종을 육성하기 시작하였다. 팬지는 주로 *Viola tricolor*를 중심으로 개량된 대륜종大輪種인 Garden pansy와, *V. cornuta*를 중심으로 개량하여 소륜종으로 꽃이 여러 개씩 피는 Tufted pansy가 있다. 『한국 원예식물도감』에 수록되어 있는 이 2종류에 속하는 품종만 해도 각각 67품종과 22품종이나 된다. 흔히 볼 수 있는 것은 Garden pansy인데 이 종류는 꽃의 직경에 따라 나누고 각각을 다시 꽃의 색깔별로 나눠 다양한 품종을 갖게 되었다. 대부분 이 품종들을 구분하지 않고 섞어서 함께 심어 놓아 화단이나 화분에서 다양한 품종을 한꺼번에 보게 된다. 팬지는 더위에 약하지만 화분이나 화단에서 여름이 되어 온도에 적응하지 못할 때까지 자라는 끈질긴 생명력이 있고, 어지간한 병충해에도 잘 견디는 저항력이 있다. 등하굣길이나 도심 화단의 팬지는 학생들과 도시 사람들의 감성을 자극하기에 충분한 가치와 아름다움을 지녔다는 것은 인정하지만, 우리나라에서 절로 나 자라는 식물이었다면 얼마나 더 아름다울까 하는 아쉬움은 있다. 팬지의 화려함과 놀라운 생존력에는 충분히 감탄하고 있지만 뭔가 미진한 느낌은 지울 수 없다.

삼색제비꽃(2005년 5월 14일_ 춘천)

삼색제비꽃의 종소명 '*tricolor*' 는 3가지 색이 있다는 뜻이고, 우리 이름 역시 다양한 색깔을 갖는다는 의미이다. '팬지', '호접제비꽃' 이라고도 부른다. 전 세계에서 관상용으로 재배되고 있으며, 우리나라는 전도에 식재하고 있다.

형태적 특징

줄기와 뿌리

높이는 15~30cm이며 줄기는 곧추서고 가지가 많이 생기며 능선이 있다.

잎

잎은 여러 개가 모여 뭉쳐나기하고, 긴 타원형, 난상 장타원형, 피침형이며 털은 있거나 없고 가장자리에는 둔한 톱니가 있다. 턱잎은 잎자루보다 길고 깃처럼 깊게 갈라진다.

꽃

꽃은 좌우 대칭이며 4~5월에 자주색, 흰색, 황색의 꽃이 피는데 가운데 부분에 검은 갈색 또는 검은 자색의 큰 무늬가 있다. 꽃자루는 잎겨드랑이 부분에서 길게 나와 끝에 꽃이 1개씩 달린다. 꽃받침은 5개이고 녹색이다. 꽃잎은 5개이고 둥글며 옆으로 퍼진다. 꽃뿔은 짧다. 꽃잎 안쪽에 수술 5개, 암술 1개가 있다.

열매와 종자

열매는 삭과이며 계란 모양이다.

생육 습성

1년생 또는 2년생 관상식물로, 도로 인근 화단이나 화분에 많이 심는다. 최근 산지 입구까지 퍼져 나간 것이 가끔 확인되어 교란을 막기 위한 관리가 필요하다.

비슷한 종류

꽃의 색깔에 따라 품종이 구별된다.

종지나물_재배종

Viola papilionacea Pursh

외국에서 들어와 한 세대의 생활 주기를 이끌어가는 외래 식물 또는 귀화식물이라 불리는 종류는 생존력이 최고이고, 종자를 만들어 내는 데도 뛰어난 능력을 보여 다산의 상징처럼 느껴진다. 영양분이 없어 보이는 메마른 땅에 씨를 내려 발아하여 싹을 틔우는 모습을 보면 신기할 따름이다. 그들 외에 다른 새싹이 보이지 않는 거친 흙을 볼 때면 더욱 그렇다. 일단 싹이 트고 나면 생장 속도는 겁 없이 고속도로를 질주하는 젊은 운전자처럼 재빠르다. 주변에 친구뻘인 식물이 새로 나오거나 계절이 바뀌어 여름이 되어도 그들은 꽃을 피울 때까지 독불장군처럼 성장을 멈추지 않는다. 결과는 상상하는 대로 키는 1미터가 훌쩍 넘고 큰 키에 걸맞게 꽃과 수정 후 만들어 내는 씨앗의 수도 엄청나다. 가을이 되어 줄기가 마르고 씨는 주변으로 흩어져 떨어진다. 그 상태로 겨울이 지나면 땅으로 떨어졌던 씨앗은 모체와 똑같은 과정을 밟아 새로운 세대를 만들게 된다. 외래 식물들의 생활 습성은 모두 이런 것일까? 다 그렇지는 않다.

몇 년 전 전라북도 완주군에 있는 만덕산에 조사를 나간 적이 있다. 그리 높은 산이 아니어서 하루 정도면 조사를 마칠 수 있을 것 같아 여유를 갖고 그곳으로 향했다. 만덕산은 마을 뒤쪽에 있어서 산을 오르려면 반드시 마을을 거쳐 가야 한다. 요즘은 시골 마을에서도 누렁이 황소가 밭을 일구고 마을 사람이 모여 품앗이하는 정겨운 모습을 보기 어렵다. 시골일수록 고령화 속도가 빨라 경작하고 있는 농토보다 놀리는 논과 밭이 더 많을 지경이니 농사 풍경도 바뀔 수밖에. 그러니 손이 덜 가는 나무나 특용 작물 등을 심어 일손은 덜면서 땅을 아주 놀리지는 않는 곳이 늘고 있다. 그 마을도 예외는 아니어서 이동하는 차장 밖의 밭에 나무가 심어져 있었다. 잎이 다 나오지 않아 정확히는 모르겠지만 어림잡아 '두충'이 아닌가 싶었다. 나의 고향에서도 비슷한 현상이 연출되고 있어 직감은 틀리지 않을 것 같았다.

주변을 살피며 이동하는 내 눈에 줄지어 심긴 두충 나무줄기 사이로 보라색 꽃이 들어 왔다. 마치 누군가 일부러 심은 것처럼 밭 바닥 전체에 퍼져 있었다. 급히 차를 세우고 가 봤더니 조금 생소한 제비꽃 종류였다. 꽃잎의 모습과 꽃 뒤쪽으로 튀어 나와 있는 꽃뿔이 특히 그랬다. 채집을 하려고 뿌리 부분을 들어 올렸더니 아주 튼튼하게 자란 뿌리줄기가 버티고 있었으며, 여러 개체가 뿌리줄기에 뒤엉켜 연결되어 있었다. 왕성한 번식력으로 여러 개의 부정아를 지속적으로 틔우는 바람에 밭 전체를 덮게 된 모양이다. 앞에서 이야기한 씨를 이용해 번식하는 종류와는 다른 번식 방법이다. 연구실로 돌아와 여러 가지 자료를 검색해 보니 원산지가 북아메리카이라서 '미국제비꽃'이라고도 불리는 '종지나물'이었

1 2 3 종지나물_ 1 2004년 4월 16일 만덕산 2 2011년 6월 16일 유달산 3 2008년 4월 18일 유달산

다. 목포 유달산에 갔을 때도 이들을 만났다. 등산로를 향해 펼쳐진 언덕 주변의 숲 가장자리에 무성하게 자라 있어 원래 그 숲의 구성원인 것처럼 보일 정도였다. 몇 해 지나지 않아 부근 바닥을 종지나물이 점령할 것이라 생각하니 안타까웠다. 그 언덕길 맞은편에 자생난 전시관이 버티고 서 있어 더욱 그러했다.

종지나물의 종소명 '*papilionacea*'는 나비처럼 생겼다는 뜻으로, 양쪽 꽃잎의 넓은 모양을 표현한 것이다. 우리 이름은 잎의 가장자리가 말려서 전체적으로는 종지 모양이 된다는 뜻에서 붙여졌다고 한다. '미국제비꽃'이라고도 부른다. 북아메리카가 원산이고, 우리나라 중부와 남부 지방에서는 식재하며 꽃집에서 화분으로 판매하기도 한다.

형태적 특징

줄기와 뿌리

줄기는 없으며 뿌리줄기가 잘 발달한다.

잎

잎은 여러 개가 모여 뭉쳐나고 계란 모양 또는 넓은 심장상 계란 모양이며 길이는 3~8cm이다. 잎 아래쪽은 심장 모양이고 끝은 예두이며 가장자리에는 톱니가 있다. 잎자루의 길이는 4~15cm이고 잎몸보다 길며 털은 거의 없다.

꽃

꽃은 4~6월에 피며 흰색에 진한 자주색과 황록색의 무늬가 가운데 부분에 있다. 꽃은 길이 2cm 정도이고 뿌리줄기에서 올라오는 긴 꽃자루에 1개씩 달린다.

꽃받침은 5개이며 계란 모양의 피침형이다. 꽃잎은 5개이고, 가장 아래쪽의 것은 좁고 보트 모양이며, 옆 꽃잎에는 털이 있고 폭이 넓다. 꽃뿔에는 털이 없으며 꽃잎 길이와 비슷하다. 암술머리의 연부는 양옆으로 부풀어 오른 듯한 형태를 하고 있다.

열매와 종자

열매는 1~1.5cm로 꽃받침보다 길고, 종자는 2mm 정도로 갈색 또는 짙은 갈색이다.

생육 습성

여러해살이풀로, 조경용으로 식재한다. 번식력이 강해 빠르게 번식하여 군락을 만든다.

비슷한 종류

일본에서도 종지나물은 북아메리카에 자생하는 *V. sororia* Willd.와 함께 외래식물로 보고되어 있는데, 이 두 종은 잎의 형태가 유사하지만 꽃 색깔은 차이를 보인다.

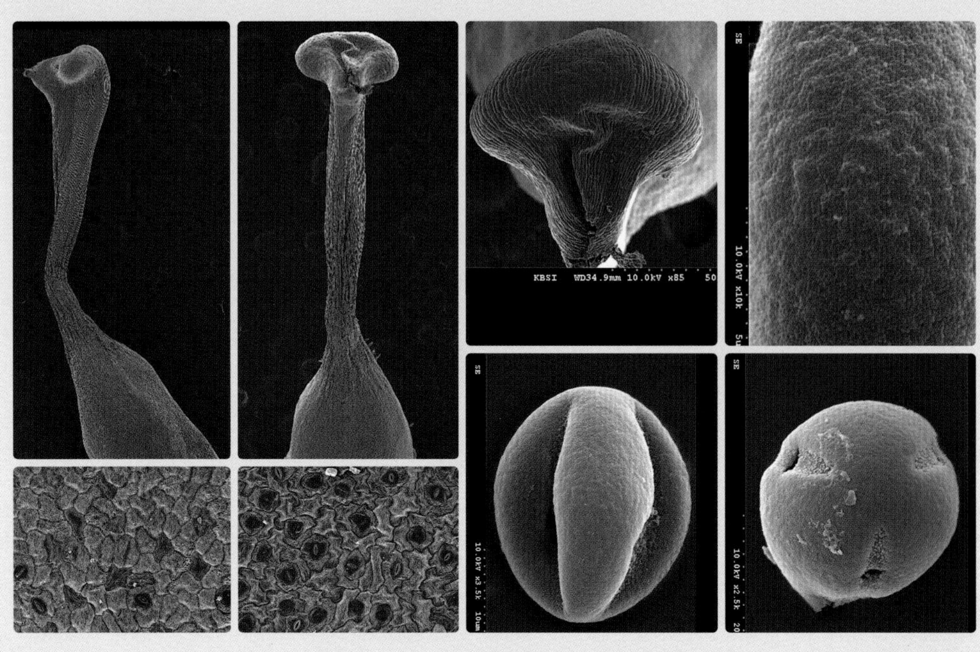

1 2 3 4
5 6 7 8

1 암술 측면 2 암술 정면_ 씨방에 털이 없고 연부는 옆으로 발달하며 정부는 발달하지 않는다. 3 암술머리 윗면 4 꽃가루 표면 무늬는 미세 망상문이며 표면은 과립처럼 울퉁불퉁하다. 5 잎 앞면_ 실 모양의 큐티클층이 침적되어 있다. 6 잎 뒷면_ 실 모양의 큐티클층이 침적되어 있으며 앞면보다 기공이 많다. 7 적도면에서 본 3공구형 꽃가루 8 극축에서 본 3공구형 꽃가루

분류학적 실체와 분포가 명확하지 않은 종류

2000년 이후 우리나라에서 발간된 도감류에 기재되어 있는 제비꽃속 식물은 약 50종류에 달한다. 그 이전에 발간된 도감과, 관찰 또는 채집되었다고 연구 보고된 종류까지 포함하면 70여 종류가 분포하는 것으로 확인된다. 필자들은 그동안 많은 자료와 현지조사를 통해 얻은 표본들을 바탕으로 자생 여부를 일일이 확인하였다. 그 결과 문헌에 기록은 되어 있지만 우리나라의 분포 여부에 의문이 드는 종류들을 본문에 제시한 종류와는 별개로 구분해 정리했다.

털노랑제비꽃 *Viola brevistipulata* var. *minor* Nakai과 근연 분류군

털노랑제비꽃은 함남 갑산과 일본에 분포하는 것으로 알려진 다년생 식물이다. 종소명 '*brevistipulata*'는 턱잎이 짧다는 의미이며, 변종소명 '*minor*'는 작다는 뜻으로 턱잎의 크기를 나타낸 것이다. 우리 이름은 식물 전체에 털이 많아 붙여진 이름이다. '큰노랑제비꽃'이라고도 부른다. 현재 우리나라에 분포한다고 보고된 털노랑제비꽃 종류는 '털노랑제비꽃', '털대제비꽃', '한라털노랑제비꽃', '오대털노랑제비꽃' 등이 있다. 이들은 잎의 형태나 줄기의 색 정도로 구분되는 변종 또는 품종 수준의 종류들로 종 내에서도 약간의 변이를 보이는 것으로 알려져 있으며, 국내 분포에 관해서는 정확한 자생지나 충분한 분류학적 근거 자료가 제시되어 있지 않다. 노랑제비꽃도 지역과 고도에 따라 형태 변이형이 많

Provided from the Herbarium, University of Tokyo(TI)

털노랑제비꽃 표본

으므로, 국내에서 보고된 개체들은 모두 노랑제비꽃의 형태적 변이 범위 내에 포함되는 것으로 판단된다. 또한 위에 열거한 종류들에 대해 일본에서 출판된 문헌과, 수차례 현지조사를 한 지인에게 문의한 결과 *V. brevistipulata* (Fr. et Sav.) W. Becker와 연관이 있는 종류이기보다는 노랑제비꽃에 가깝다는 결론을 얻기도 하였다. 따라서 이 종류들의 분포에 대한 명확한 결론을 내리려면 북한산 표본을 포함한 여러 방면에 걸친 면밀한 검토가 필요하다.

구름제비꽃 *Viola crassa* Makino

우리나라 함경북도, 함경남도, 평안북도 낭림산 지역의 높은 산에서 볼 수 있으며 자갈 또는 돌 틈 사이에 자란다. 러시아(사할린, 캄차카), 일본, 티베트에 분포한다. 종소명 '*crassa*'는 두껍고 굵은 또는 다육질이란 의미로 땅속줄기나 뿌리줄기를 표현한 것이며, 우리 이름은 높은 산 정상부에 분포한다는 뜻으로 붙여졌다. '큰장백오랑캐', '구름노랑제비꽃', '구름털제비꽃'이라고도 부른다. 구름제비꽃은 장백제비꽃(*V. biflora* L.)과 털의 유무 등으로 구분되는데, 장백제비꽃도 털이 전혀 없는 종은 아니기 때문에 분포뿐만 아니라 종 자체에 대한 통합 여부를 고려해야 한다고 생각한다. 한라산에 분포한다는 주장이 제기된 적이 있으나 노랑제비꽃으로 확인되었다.

누운제비꽃 *Viola epipsila* Ledeb.

우리나라 함경남도, 평안북도의 깊은 산 숲에 그늘진 곳에서 자라며, 러시아(시베리아 동부), 중국(만주)에 분포한다. 종소명 '*epipsila*'는 표면이 평활하다는 뜻으로 잎의 형태를 표현한 것 같고, 우리 이름은 잎이 옆으로 눕듯이 옆으로 퍼져

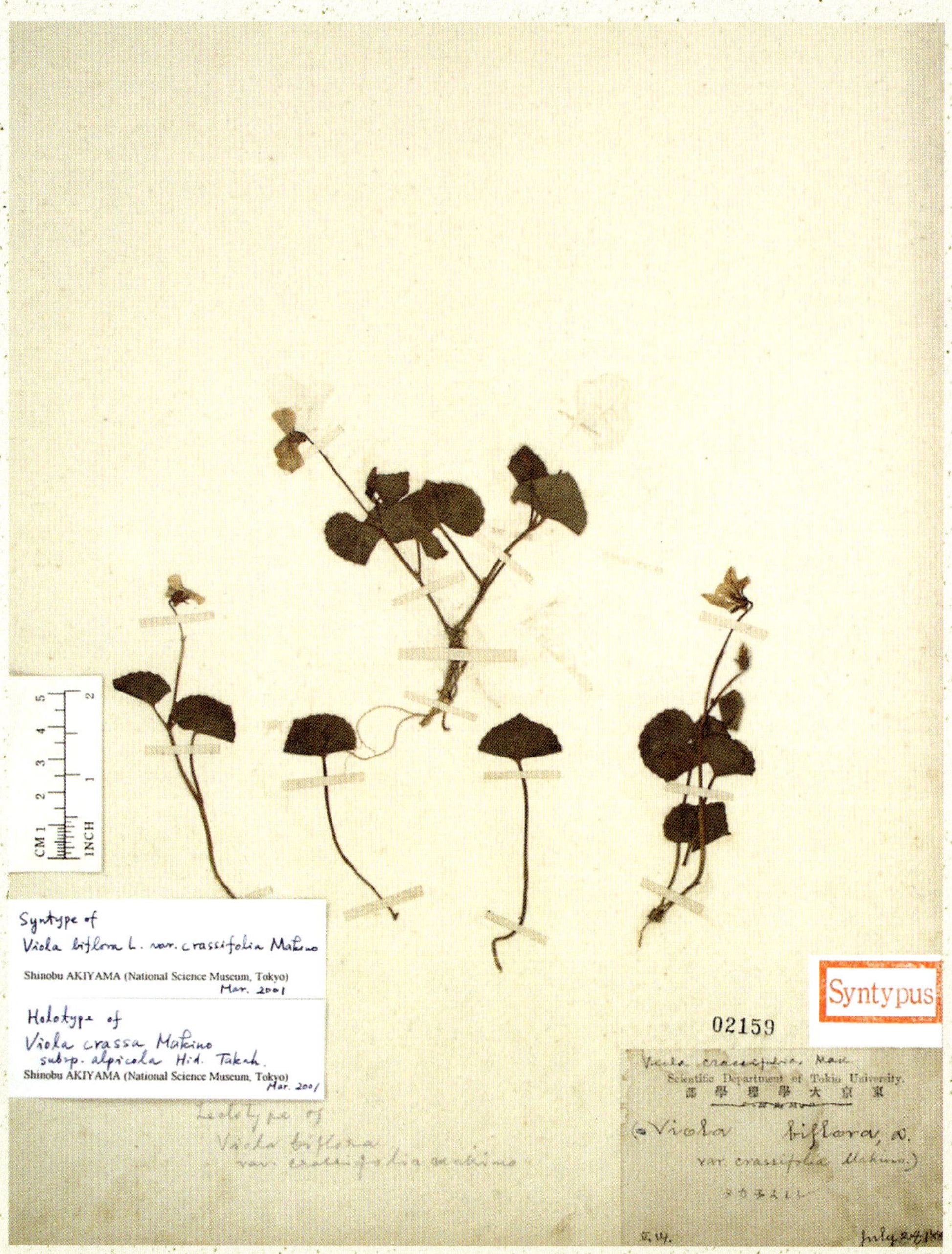

Provided from the Herbarium, University of Tokyo(TI)

구름제비꽃 표본

NO. 938
Viola sp.
朝鮮 咸南 甲山郡 鳳頭里
V. 26. 1940.
Herbarium Universitatis Imperialis Tokyoensis
東京帝國大學理學部植物學教室
Viola epipsila Ledebour
Patria.
Datum. 19
Legitor.
Determinavit

Provided from the Herbarium, University of Tokyo(TI)

누운제비꽃 표본

서 붙여진 것 같다. '누운오랑캐', '누운제비꽃', '누은제비꽃', '누은오랑캐', '보홍제비꽃' 이라고도 부른다. 엷은잎제비꽃(*V. blandaeformis* Nakai)과 유사한데 엷은잎제비꽃은 뿌리줄기가 없고 꽃이 흰색이며 옆 꽃잎에 털이 없고 삭과 표면에 자색 반점이 있어 구별된다. *V. repens*와의 관계에 대한 검토 필요성이 제기되기도 하였다.

섬제비꽃 *Viola takesimana* Nakai

종소명 '*takesimana*'는 울릉도에 살고 있다는 의미로 자생지를 표현한 이름이며, 우리 이름도 여기에서 기원하였다. '섬졸방제비꽃', '울릉제비꽃' 이라고도 부른다. 우리나라 울릉도 산지의 경사진 풀밭에서 자라는 고유 식물로 알려져 있으나, 필자들은 울릉도에서 섬제비꽃에 해당하는 개체를 확인하지 못했고 기준 표본과 원기재문을 확인한 결과 낚시제비꽃(*V. grypoceras* A. Gray)과 차이를 보이지 않았다. 따라서 검토 후 낚시제비꽃에 통합하는 것이 타당할 것으로 판단된다.

아욱제비꽃 *Viola hondoensis* W. Becker & H. Boissieu

우리나라 함경남도, 평안북도에 분포하며, 울릉도와 일본에 분포하는 것으로 알려져 있다. 종소명 '*hondoensis*'는 일본의 혼도本島에서 자란다는 의미이며, 우리 이름은 잎의 모양이 아욱을 닮아 붙여진 것 같다. '덩굴제비꽃', '머위제비꽃' 이라고도 부른다. 아욱제비꽃은 둥근털제비꽃(*V. collina* Besser)과 다르게 지상으로 뻗는 뚜렷한 기는줄기가 있어 구별되는데, 필자들은 여러 차례 조사에서 확인하지 못했으며 지금까지 채집된 표본들도 모두 잘못된 동정으로 확인되었다. 둥근털제비꽃이나 잔털제비꽃을 잘못 동정한 것이 아닌가 생각한다.

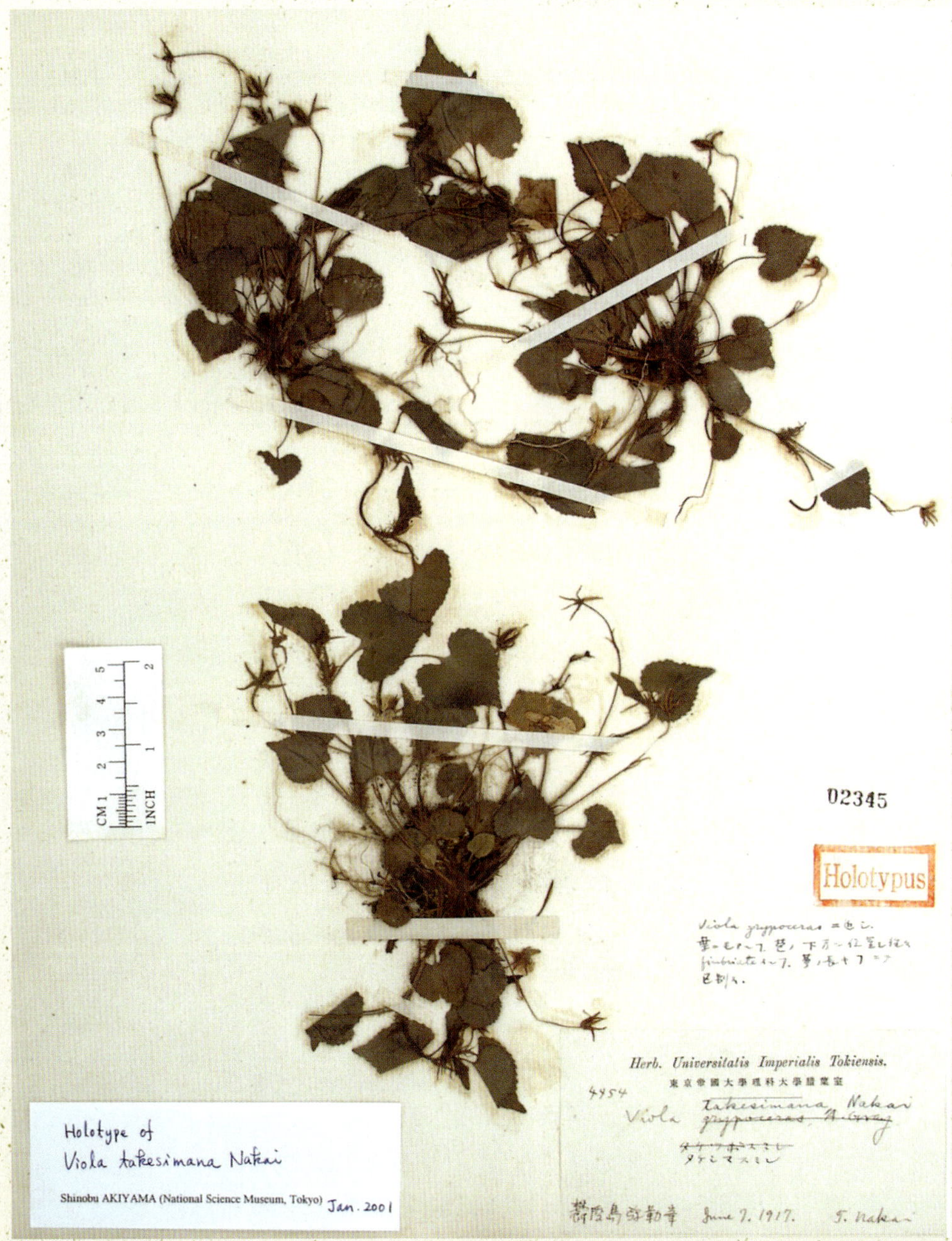

Provided from the Herbarium, University of Tokyo(TI)

섬제비꽃 표본

아욱제비꽃_일본

1 2
3 4
5 6

1 폐쇄화기의 잎 2 기는줄기 3 꽃 측면_ 꽃받침과 꽃자루에는 털이 있으나 꽃뿔에는 없다. 4 꽃 안쪽_ 옆 꽃잎에는 보통 털이 없으나 드물게 밑부분에 있는 개체도 있다. 5 암술 전체_ 암술머리에 긴 부리가 있고 연부는 없으며 씨방에는 털이 있는 것부터 없는 개체까지 다양하다. 6 열매_ 표면에 털이 밀생한다.

엷은잎제비꽃 *Viola blandaeformis* Nakai

일본과 한국에 분포하며, 우리나라에는 강원도 이남 지역 침엽수림의 습한 곳에서 자란다. 엷은잎제비꽃의 종소명 *'blandaeformis'* 는 제비꽃 가운데 'Blanda' 라는 종과 비슷하다는 의미이며, 우리 이름은 잎이 얇다는 특징을 표현한 것 같다. '얇은제비꽃' 이라고도 부른다. 형태적으로는 누운제비꽃(*V. epipsila* Ledeb.)과 비슷하나 누운제비꽃은 뿌리줄기가 있고 꽃이 담자색이며 옆 꽃잎에 연모가 있고, 열매 표면에 자색 반점이 없어 구별된다.

갑산제비꽃 *Viola kapsanensis* Nakai

우리나라 함경북도의 갑산과 함경남도 북청 사이 산지 숲 속에서 자라는 특산식물이다. 일부 도감류에는 경기도 가평에서도 분포하는 것으로 기록되어 있으나 뫼제비꽃의 개체 변이에 대한 오동정으로 생각된다. 종소명 *'kapsanensis'* 는 갑산 지역에서 자란다는 뜻이고, 우리 이름도 분포지의 이름을 그대로 붙였다. '갑산오랑캐' 라고도 부른다. 형태적으로는 뫼제비꽃(*V. selkirkii* Pursh ex Goldie)과 유사하나 뫼제비꽃에 비해 옆 꽃잎에 털이 있고, 암술머리에 긴 부리를 갖는 것으로 구별한다. 흰 꽃을 피우는 것은 흰갑산제비꽃(var. *albiflora* Nakai)이라 구분하기도 한다.

Provided from the Herbarium, University of Tokyo(TI)

엷은잎제비꽃 표본

Provided from the Herbarium, University of Tokyo(TI)

갑산제비꽃 표본

연구가 진행 중인 종류

제비꽃 종류의 분류가 어려운 것은 다양한 변이 형태가 존재하기 때문이다. 학자마다 어떤 특징에 대해 부여하는 가치는 차이가 나기 마련이다. 그래서 한 종으로 취급하던 종에서 독립적인 특징이 관찰되면 별개의 종으로 구분하기도 한다. 반대로 작은 형태적 특징을 인정해 새로운 종으로 구분했다가 그 특징이 다른 개체들과 크게 구별되지 않거나 세대가 바뀌면 유지되지 않는 형질인 경우 다시 하나의 종으로 통합되기도 한다. 이렇게 분류학적 처리를 하려면 수많은 과거 문헌 자료와 실험에 의한 근거 자료가 제시되어야 한다. 현재 필자들은 제비꽃 종류에 대해 다양한 접근 방법으로 연구를 수행함으로써 각 종種들의 실체를 분명히 하고 계통 관계를 밝히는 노력을 하고 있다. 현재 진행 중인 연구 가운데 몇 가지 분류군을 소개하기로 한다.

알록제비꽃, 민둥뫼제비꽃, 자주잎제비꽃의 잎 변이

제비꽃속 식물을 구분하는 특징으로는 잎의 형태, 꽃의 색, 털의 유무 등을 대표적으로 꼽을 수 있다. 그러나 각 종들을 세분하면 잎에 무늬의 유무, 잎 또는 줄기의 색깔로도 변종이나 품종을 구분하기도 한다. 가장 잘 알려진 종류로는 알록제비꽃, 자주알록제비꽃, 청알록제비꽃을 들 수 있다. 알록제비꽃과 자주알록제비꽃은 잎 앞면의 흰색 무늬가 있고 없고를 가지고 구별하며, 청알록제비꽃은

1 2 3
4 5 6
7 8 9
10 11

알록제비꽃의 잎 변이
1–3 폐쇄화기의 다양한 잎 형태
4–9 잎 앞면의 무늬 변이
10–11 잎 뒷면의 무늬 변이

1　2　민둥뫼제비꽃의 잎 변이
1 군락지　2 잎 앞면_ 폐쇄화기에 무늬가 있는 잎과 없는 잎이 한 개체에서 발견된다.

1　2　자주잎제비꽃의 잎 변이
1 자주잎제비꽃(2009년 4월 22일_제주도)　2 잎 앞면에 흰색 줄무늬가 있다.

잎 뒷면의 색이 자색인지 아닌지로 나뉘어진다. 그러나 자생지나 재배를 하며 지속적으로 관찰한 결과 개방화기에는 기존의 문헌들과 일치하는 전형적인 형태들이 관찰되지만 폐쇄화기가 되면서 그 특징들이 점차 불명확해지는 것을 확인할 수 있었다. 잎 앞면의 흰색 무늬와 뒷면의 자색이 흐려지거나 없어졌다. 흰색 무늬의 진하기 정도도 개체에 따라 진한 것부터 유무를 확인하기 어려울 정도로 옅은 것까지 다양하게 나타났다. 뿐만 아니라 이 세 종의 종내 분류군들은 꽃 기관의 특징, 잎의 크기와 변이 폭, 각 기관별 털의 분포, 개화 시기, 생육 장소, 꽃자루와 잎자루의 색, 열매와 종자의 특징 등을 비교해 보니 모두 동일한 것으로 평가되었다. 따라서 잎에서 나타나는 특징들은 장소에 따른 변이 형태로 보이며, 모두 연속적이거나 분명하게 고정되어 유지되는 특징은 아닌 것으로 판단된다. 이러한 결과를 명확하게 확인하기 위해 DNA 수준에서의 분자계통학적 연구를 실시할 예정이다.

변이 형질, 특히 잎의 무늬에 대한 다양한 특징은 알록제비꽃과 근연 종류들에서뿐만 아니라 민둥뫼제비꽃, 자주잎제비꽃, 뫼제비꽃 등에서도 나타나 이들에 대한 분류학적 연구가 진행 중이다.

왕제비꽃의 실체

왕제비꽃은 제비꽃 종류 중 멸종위기식물로 지정되어 있는 종이다. 분포 지역도 넓지 않고 개체 수도 많은 편이 아니라 보호가 필요할 뿐만 아니라 생물 다양성 유지라는 측면에서도 중요하다.

이러한 종을 본문에 실지 않고 부록에서 다루는 이유는 지금까지 우리가 알고 있던 왕제비꽃의 분류학적 사실에 문제가 있는 것으로 확인되었기 때문이다. 과거에도 한차례 왕제비꽃에 대한 고찰이 수행되어 우리나라 남한에 분포하는 종류를 여뀌잎제비꽃(*V. thibaudieri* Fr. et Sav.)으로 동정하는 것이 타당하다는 주장이 발표된 바 있으나(이우철, 1996), 여전히 대다수의 문헌에서는 왕제비꽃이라는 우리 이름과 *V. websteri* Hemsl.라는 학명을 사용하고 있다.

필자들은 이에 대한 정확한 실체를 규명하기 위해 일본의 여뀌잎제비꽃, 중국의 왕제비꽃과 우리나라(남북한 포함)에 분포하는 개체를 비교한 결과(표 1), 현재 우리나라에서 왕제비꽃으로 불리는 종은 꽃의 색, 암술머리의 돌기모, 꽃자루의 털 등에 대한 특징은 일본의 여뀌잎제비꽃과 유사하지만, 잎에 대한 특징은 중국에 분포하는 왕제비꽃과 동일한 것으로 나타났다. 이와 같은 형태적 특징뿐만 아니라 DNA를 이용한 계통 분석 결과에서도 3종 간의 차이가 인정되었다. 따라서 우리나라에 분포하는 왕제비꽃은 새로운 분류군으로 명명하는 것이 타당할 것으로 판단된다.

표 1 왕제비꽃, 여뀌잎제비꽃, 우리나라 왕제비꽃의 특징 비교

특징	왕제비꽃 (*V. websteri*, 중국)	여뀌잎제비꽃 (*V. thibaudieri*, 일본)	왕제비꽃 (우리나라 분포)
꽃의 색깔	자색	흰색	흰색
옆 꽃잎의 털	있음	있음	있음
암술머리 뒤쪽의 돌기모	있음	없음	없음
잎 가장자리의 거치	뚜렷함	없거나 매우 미약함	뚜렷함
잎 뒷면의 털	잎맥을 따라 약간 있음	거의 없음	잎맥을 따라 약간 있음
꽃자루의 털	없음	약간 있음	약간 있음

왕제비꽃_우리나라 분포

1 2
3
4

1 왕제비꽃(2008년 5월 9일_경기도) 2 꽃 정면_ 아래 꽃잎과 옆 꽃잎에 자색 줄무늬가 있다. 3 꽃 안쪽_ 옆 꽃잎에 털이 있다. 4 꽃 측면, 꽃뿔, 꽃받침, 꽃자루에 털은 거의 없으나 꽃받침과 꽃자루에 털이 약간 있는 개체도 있다.

1 7 8
2 3 4
5 6

1 왕제비꽃 군락지(2008년 5월 5일_경기도) 2 턱잎은 가늘게 갈라진다. 3 잎 앞면_ 가장자리에는 뚜렷한 거치가 있으며 털은 거의 없다. 4 잎 뒷면_ 잎맥과 엽저 부분에 털이 있다. 5 개방화기의 열매 6 폐쇄화기의 열매 7 백두산에 자생하는 왕제비꽃의 잎 8 백두산에 자생하는 왕제비꽃의 꽃

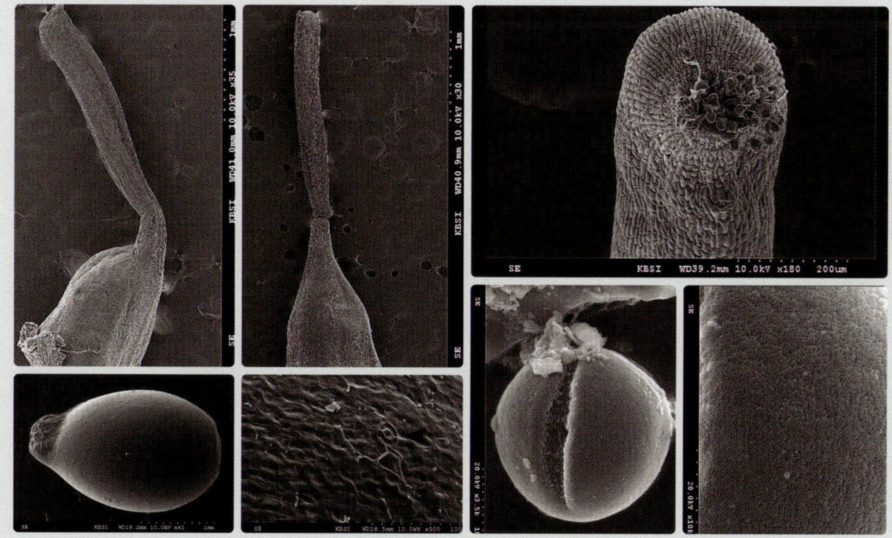

1 2 3
4 5 6 7

1 암술 측면 2 암술 정면_ 씨방에 털이 없다. 3 암술머리 윗면_ 부리는 짧고 연부와 정부 등이 발달하지 않는다. 4 타원형 종자 5 종자 표면에는 뚜렷한 큐티클층이 없으며 기공이 있다. 6 꽃가루는 3공구형_ 적도면에서 본 3공구형 꽃가루 7 꽃가루 표면 무늬는 세망상문이며 표면은 울퉁불퉁하다.

Provided from the Herbarium, University of Tokyo(TI)

여뀌잎제비꽃 표본_일본

동강제비꽃(가칭)의 실체

강원도 정선의 동강 지역에서 수집된 잔털제비꽃(*V. keiskei* Miq.)과 유사한 종류로, 여러 가지 특징이 달라 새로운 종류로 생각되는 분류군이다. 이 종류는 러시아에 분포하는 *V. pacifica* Juz.와 가장 유사한 것으로 판단되며, 현재 기준 표본과 원기재문 등을 토대로 미기록 여부를 확인하고 있다.

동강제비꽃(2012년 5월 9일_강원도)

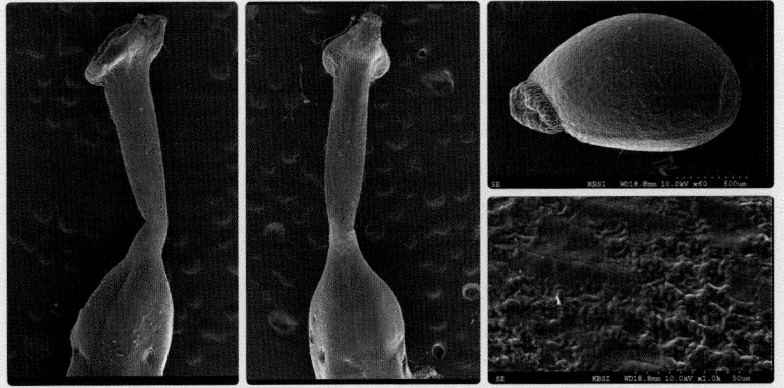

1
2 3 4 5
6 7 8

9 10 11
12

1 동강제비꽃(2012년 5월 9일_강원도) 2 꽃 정면_ 모든 꽃잎에 자색 줄무늬가 있지만 옆 꽃잎과 위 꽃잎은 흐리다. 꽃 안쪽은 녹색이며 옆 꽃잎에 털이 있다. 3 꽃자루에 털이 약간 있으나 꽃받침에는 없고, 꽃받침 뒤쪽은 약간 갈라진다. 4 씨방 표면에 자색 무늬가 있는 것이 있다. 5 씨방 표면에 자색 무늬가 없는 것도 있다. 6 어린잎 7 잎 앞면_ 털이 있다. 8 잎 뒷면_ 털이 있다.

9 암술 측면 10 암술 정면_ 씨방에 털이 없으며, 암술머리는 정부가 약간 돌출하고 부리는 위를 향하며 연부가 발달한다. 11 타원형 종자 12 종자 표면에는 불규칙하게 큐티클층이 있다.

SE KBSI WD23.1mm 10.0kV x35 1mm

참고문헌

국립수목원, 한국식물분류학회. 2007. 국가표준식물목록. 국립수목원.

국립수목원. 2008. 한반도 관속식물 원기재문I. 국립수목원.

박만규. 1974. 한국쌍자엽식물지(초본편). 정음사.

박호용, 선병윤, 김태진, 오현우. 2000. 한국의 화분 I. 한국생명공학연구원.

박호용, 김태진, 오현우. 2001. 한국의 화분 II. 한국생명공학연구원.

유기억, 장수길, 이우철. 2005. ITS 염기서열에 의한 한국산 제비꽃속(*Viola*)의 계통유연관계. 한국식물분류학회지 35:7-23.

이영노. 2006. (새로운) 원색식물도감. 교학사.

이우철. 1996a. 원색한국기준식물도감. 아카데미서적.

이우철. 1996b. 한국식물명고. 아카데미서적.

이우철. 2005. 한국 식물명의 유래. 일조각.

이창복. 2003. 원색대한식물도감. 향문사.

장수길. 2012. 제비꽃속 남산제비꽃절의 계통분류학적 연구. 강원대학교 박사학위논문.

장수길, 이우철, 유기억. 2006. 태백제비꽃과 근연분류군의 분류학적 연구. 한국식물분류학회지 36: 163-187.

정태현. 1956. 한국식물도감(하권). 신지사.

황성수. 2002. 한국산 제비꽃속 노랑제비꽃의 분류학적 연구 -형태학적 형질을 중심으로. 식물분류학회지 32: 397-416.

Eisuke Hama. 2002. The wild violets of Japan in color. Sungmoondangshingwangsa.

Erdtman, G. 1971. Pollen morphology and plant taxonomy (Angiosperm). Hafner Publish. Co. New York. Pp. 3-553.

Flora of Korea Editorial Committee. 2007. The genera of vascular plants of Korea. Academy Publishing Co.

Kunio Iwatsuki, David E. Boufford, Hideaki Ohba. 2002. Flora of Japan Volume IIc, Angiospermae, Dicotyledoneae, Archichlamydeae(c). Kodansha.

Masashi Igari. 2004. Wild Violets of Japan. Yama-Kei Publishers Co.

Nadot, S., H. E. Ballard Jr., J. B. Creach, and I. Dajoz. 2000. The evolution of pollen heteromorphism in *Viola*: A phylogenetic approach. Plant Syst. Evol. 223: 155-171.

Wang Chingrui. 1991. VIOLACEAE. *In* Flora Reipublicae Popularis Sinicae vol. 51. Science Press.

Yoo, Ki-Oug and Su-Kil Jang. 2010. Infrageneric relationships of Korean *Viola* based on eight chloroplast markers. Journal of Systematics and Evolution 48: 474-481.

幾瀬マサ. 2001. 日本植物の花粉. 廣川書店.

찾아보기_ 국명

찾아보기_ 학명